刘志刚 姜京福 ◆ 著

深部高应力
矿井巷道支护设计
研究应用

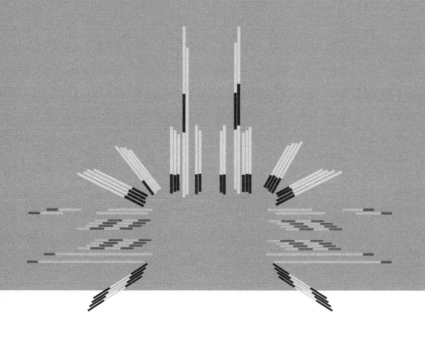

中国建筑工业出版社

图书在版编目（CIP）数据

深部高应力矿井巷道支护设计研究应用 / 刘志刚，
姜京福著 . —北京：中国建筑工业出版社，2022.6
ISBN 978-7-112-27540-3

Ⅰ.①深… Ⅱ.①刘…②姜… Ⅲ.①深井—巷道支
护—设计—研究 Ⅳ.① TD353

中国版本图书馆CIP数据核字（2022）第107817号

　　我国煤炭储量大部分埋藏在深部，随着煤矿开采规模的扩大，开采深度逐渐增加，深部开采已成为煤矿生产的必然过程。本书讨论了埋深大于800m的深部矿井巷道及其支护技术存在的主要问题，并对影响巷道稳定的主要因素进行了分析，提出了深部矿井巷道的支护技术，并结合一些矿井的现场实践结果，对巷道支护技术进行了总结，对于类似地质条件下巷道支护具有一定的借鉴价值。

　　本书适用于从事煤矿生产和矿井建设的工程技术和管理人员参考使用。

责任编辑：万　李
责任校对：芦欣甜

深部高应力矿井巷道支护设计研究应用
刘志刚　姜京福　著
＊
中国建筑工业出版社出版、发行（北京海淀三里河路 9 号）
各地新华书店、建筑书店经销
北京海视强森文化传媒有限公司制版
北京建筑工业印刷厂印刷
＊
开本：787 毫米 × 1092 毫米　1/16　印张：12¾　字数：247 千字
2022 年 5 月第一版　2022 年 5 月第一次印刷
定价：**49.00 元**
ISBN 978-7-112-27540-3
　　　（39706）

前　言

　　我国煤矿开采逐渐转入深部地区，深部地区巷道支护问题日益突出，已成为深部开采亟待解决的技术难题，也是国内外采矿界研究的重点问题之一。深部巷道处于"三高一扰动"的复杂环境，围岩应力场更加复杂，传统浅部巷道支护理论和技术不能适应深部巷道支护的要求。因此，深部巷道控制新的理论和关键技术研究，对我国煤矿深部开采具有重要的理论意义和应用价值。

　　我国煤炭储量大部分埋藏在深部，埋深大于 600m 和 1000m 的储量分别占到73.19% 和 53.17%。随着我国煤矿开采规模的扩大，开采深度逐渐增加，深部开采已成为煤矿生产的必然过程，对当前的煤矿生产和今后矿井建设的影响日趋加重。如何面对深部开采的复杂地质条件，及时解决深部开采所涉及的技术性问题，从长远看，将对安全、经济、合理地开发深部煤炭资源有特别重要的意义。由于近年来煤炭需求的不断增加，各个矿业集团都在一定程度上加大了矿井的生产能力，加之中东部主要产煤大省，例如山东、安徽、河北、江苏等地煤炭储量正急剧减少，在这样的形势下，中东部矿井逐步加深了开采深度，埋深大于 800m 的矿井也已越来越多。在此背景下，随着采深的不断加大，岩体应力急剧增加，地温升高，巷道围岩破碎严重，塑性区、破碎区范围很大，蠕变严重，对矿井安全生产影响较大。深部矿井所带来的巷道支护问题的特殊性也越来越受到重视。目前深部矿井巷道存在的主要问题是支护稳定性差、高应力、支护困难，这与矿井深部的岩性和埋深息息相关。有的矿井开采煤层埋深虽然不大，但由于岩性松软破碎或者膨胀性较为突出，巷道的稳定性同样较差，破坏严重。在同样岩层条件下，巷道埋深越大巷道越难以稳定，支护也就越来越困难，破坏也就越严重。如何解决深部矿井巷道支护的难题，提出一些实际可行的支护方式对于矿井的建设和安全生产具有重要又迫切的意义。本书讨论了埋深大于 800m 的深部矿井巷道及其支护技术存在的主要问题，并对影响巷道稳定的主要因素进行了分析，提出了深部矿井巷道的支护技术，并结合一些矿井的现场实践结果，对巷道支护技术进行了总结，对于类似地质条件下巷道支护具有一定的借鉴价值。

目　录

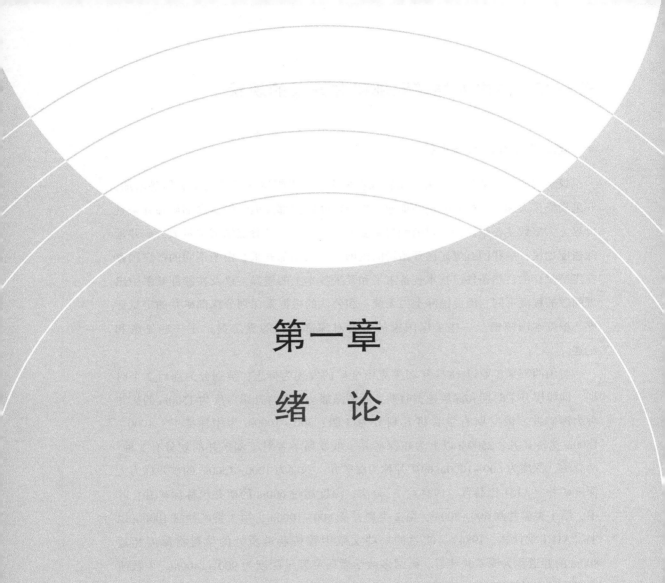

第一章

绪　论

第一节　国内外煤矿深部矿井开采的现状

一、国外煤矿深部开采现状

煤炭资源从浅部开始开采，随着煤炭采出，开采煤层的埋藏深度必然要增加，开采规模扩大和机械化水平提高加速了生产矿井向深部发展。煤矿深部矿井开采是世界上大多数主要采煤国家目前和将来要面临的问题。随着能源需求量大，矿井延深速度加快，一些国有煤矿已开始转向或即将进入深部开采。由于不同的产煤国家在煤层赋存的自然条件、技术装备水平和开采技术上的差异，以及在深部开采中出现问题的程度不同。因此国际上尚无统一和公认的根据采深划分深部矿井的定量标准。根据本国国情，一些采煤国家的学者对深部矿井的界定提出了一些见解和论述。

美国西部采矿业以 1874 年布莱克山金矿的发现为标志，被划分为前后 2 个时期，即浅层开采时期和深层挖掘时期。所谓深部，南非将开采深度为 1500m 的矿井称为深矿井。俄罗斯有学者将其划分为 3 级：300~1000m 为中深矿井；1000~1500m 为深矿井；2500m 以上为超深矿井。俄罗斯学者对于深矿井的划分有 2 种：两分法，深度为 600~1000m 的矿井称为深矿井，深度为 1000~1500m 的矿井称为大深度矿井（A151 巴赫晋，1984）；三分法，深度超过 600m 的矿井统称深矿井，其中，第 1 类矿井深 600~800m，第 2 类矿井深 800~1000m，第 3 类矿井深 1000m 以上（A1E1 维杜林，1984）。波兰的一些文献中曾按巷道所处的位置将深度超过 800m 的巷道称为深矿井巷道。德国多数学者研究开采深度为 900~1400m，少数研究工作者涉及深度 1500~1600m 的问题，但在众多的论著中未见到有关深矿井分类和其定量下限的论述。

就世界范围而言，尚无公认统一的有关深矿井的定量划分标准。日本把临界深度定为 600m，而英国和波兰则为 750m。在矿井开拓或煤炭开采过程中，当巷道围岩发生显著变形，有学者将这一深度称为临界深度；也有学者将超过这一临界深度的巷道或采煤工作面顶或底板，称为深矿井巷道。国内外已有一些界定巷道失稳极限深度或巷道极限深度的方法：联邦德国学者给出了巷道失稳极限深度 H 的经验公式：

$$H = 138 \sqrt{\sigma_c} \tag{1-1}$$

式中　　σ_c——岩石抗压强度（MPa）。

英国学者提出巷道失稳极限深度由式（1-2）确定：

$$2\gamma H > k_{\mathrm{v}}\eta\sigma_{\mathrm{c}} \tag{1-2}$$

式中　　η ——长时载荷影响系数，$\eta = 0.8$；

　　　　k_{v} ——裂隙影响系数；

　　　　H ——巷道失稳的极限深度（m）；

　　　　γ ——上覆岩层平均密度（kN/m³）。

俄罗斯学者提出以 $\dfrac{\gamma H}{\sigma_{\mathrm{c}}} = 0.4$ 时的深度作为巷道极限深度。

二、国内煤矿深部开采现状

当前国内外学者对于深部矿井深度界定的认识还不尽一致，很多学者认为深部矿井的深度既包含绝对采深，也是一个与开采强度、开采方法、地质构造等因素紧密相关的相对概念。

史天生等学者依据凿井技术与装备的难易程度将立井井筒深度（h）分为 5 类：浅井，$h<300\mathrm{m}$；中深矿井，$300\mathrm{m}\leqslant h<800\mathrm{m}$；深矿井，$800\mathrm{m}\leqslant h<1200\mathrm{m}$；超深矿井，$1200\mathrm{m}\leqslant h<1600\mathrm{m}$；特深矿井，$h\geqslant 1600\mathrm{m}$。

勾攀峰、汪成兵、韦四江等学者建议结合我国煤矿的地质条件、开采技术水平、矿井装备水平，与巷道矿压显现的特征与井型（小型、中型、大型、特大型）和煤层厚度（薄、中厚、厚、特厚）等分类方案的称呼相对应，以及考虑统计方便等因素，建议在现阶段按其最终开采深度（h）划分成浅矿井（$0\mathrm{m}\leqslant h<400\mathrm{m}$）、中深矿井（$400\mathrm{m}\leqslant h<800\mathrm{m}$）、深矿井（$800\mathrm{m}\leqslant h<1200\mathrm{m}$）和特深矿井（$1200\mathrm{m}\leqslant h<1600\mathrm{m}$）4 类。一般认为采深 800m 及以上为深部开采，软岩矿井采深 600m 及以上为深部开采。

对于深矿井的划分，还有过多种分类方案。深度大于一定值，且出现地压显现剧烈或高温热害的矿井称为深矿井；出现地压显现剧烈的深矿井称为地压型深矿井；出现高温热害的深矿井称为深热矿井。

王英汉、梁政国等学者提出深矿井临界深度或深矿井起始上限深度为 700m。在深部开采中，根据 4 个参数指标：采场生产中动力异常程度（D）、一次性支护适用程度（Z）、煤岩自重应力接近煤层弹性强度极限程度（Q）、地温梯度显现程度（I）等，将其深部开采进行如下划分：$700\mathrm{m}\leqslant h<1000\mathrm{m}$ 为一般深部开采，$1000\mathrm{m}\leqslant h<1200\mathrm{m}$ 为超深部开采（h 为开采深度，m）。

史天生等学者提出深矿井巷道临界深度由 $2\gamma H > R_{\mathrm{c}}\eta k_{\mathrm{g}}$ 或 $2\gamma H > R_{\mathrm{c}}k_{\mathrm{H}}$ 计算得出，其中，γ 为上覆岩层平均密度（kN/m³）；H 为地下工程实际深度（m）；R_{c} 为岩体单向抗压强度（MPa）；k_{g} 为构造作用影响系数；k_{H} 为回采影响系数。

何满潮等学者则根据危险系数 D_{c} 公式：$D_{\mathrm{c}}=\gamma H/\sigma_{\mathrm{cm}}$ 计算临界深度，其中，σ_{cm}

为工程岩体强度（MPa）。由此，将深部矿井分为较深、超深和极深 3 类。

王英汉、梁政国等学者认为我国的深矿井临界深度或称深矿井起始上限深度为 650m。当矿井实际采深大于 650m，且大于矿井围岩失稳临界深度时，称该矿井为地压型深矿井；若大于高温矿井临界深度，则称为深热矿井。

有学者以弹塑性力学理论为基础，应用突变理论方法建立巷道围岩系统的尖点突变模型，由此计算得出的深矿井巷道临界深度为 652m。

根据目前和未来的发展趋势并结合我国的客观实际，大多数专家认为中国煤矿的深部资源开采的深度可界定为：800m≤h<1500m。

为便于收集资料和分析，本书的深部矿井特指开采深度超过 800m 的矿井。根据统计，我国目前采深已超过和即将超过 800m 的深部煤矿集中分布在华东、华北和东北地区的江苏、河南、山东、黑龙江、吉林、辽宁、安徽和河北 8 个省。另外在江西、湖南和重庆等省（直辖市）也有个别深部生产矿井，共计 138 个煤矿。在本次统计的 138 个深部生产矿井中，国有重点煤矿有 110 个，占 79.71%。全国主要深部煤矿在不同开采深度下的数量分布情况见表 1-1。

全国主要深部煤矿在不同开采深度下的数量分布情况　　　表 1-1

省份	矿井数量(个)			比例(%)
	开采深度 800m≤h<1000m	开采深度 1000m≤h<1200m	开采深度 ≥1200m	
江苏	3	3	7	9.42
河南	19	8	0	19.57
山东	10	12	11	23.91
黑龙江	11	5	0	11.59
吉林	0	2	2	2.90
辽宁	6	5	0	7.97
安徽	14	0	0	10.15
河北	15	3	2	14.49

由表 1-1 可知，目前全国深部煤矿以山东、河南和河北 3 省占多数，3 省深部矿井数量达到 80 个，占全国深部矿井数量的 57.97%。目前全国煤矿总产能约为 40 亿 t，本次统计的深部矿井总产能为 2.98 亿 t，占全煤矿总产能的 7.45%。全国煤矿主要深部矿井不同开采深度的产能分布情况见表 1-2。

全国煤矿主要深部矿井不同开采深度的产能分布情况　　表1-2

省份	产能（万t）			比例（%）
	开采深度 800m≤h<1000m	开采深度 1000m≤h<1200m	开采深度 ≥1200m	
江苏	100	640	1120	6.25
河南	3685	2170	0	19.66
山东	1778	3035	1450	21.03
黑龙江	1040	1275	0	7.77
吉林	0	170	420	1.98
辽宁	920	1054	0	6.63
安徽	6505	0	0	21.84
河北	3275	870	275	14.84

　　由表1-2可知，全国深部煤矿产能集中分布在安徽、山东、河南和河北4省，4省深部煤矿产能达到23043万t，占全国深部煤矿产能的77.37%。目前我国煤矿矿井正以8~12m/a的平均速度向深部延伸，中东部地区的延伸速度达到了10~25m/a。已有深部煤矿的省份，尤其是山东、河南、安徽、河北等中东部省份国有重点煤矿目前的平均采深在600m以上，按照10~25m/a的延伸速度，将在未来10年内普遍进入深部开采，未来我国深部煤矿数量及产能所占比例将越来越大。

　　由此可见，深部矿井的开采技术既是当前一些矿井面临的问题，也是我国煤炭工业长远发展需要十分重视和研究解决的问题。

第二节　深部矿井巷道国内外研究现状

　　进入深部开采以后。由于岩层压力大，巷道变形量显著增大。支架损坏严重，巷道翻修量剧增，巷道维护变得异常困难。深部矿井巷道的矿压控制已经成为深部开采能否顺利进行的制约因素之一。为此，进入深部开采的世界各采煤国都做了大量研究，取得了可喜的成果。

一、国外的研究

　　联邦德国、苏联、波兰、英国、比利时、荷兰和日本等国都对深部开采的巷道矿压及其控制措施进行了大量研究。而尤以较早进入深部开采的联邦德国和苏联的研究最为突出。同时，前者也是侧重深部矿井巷道矿压控制实用技术研究的代表，而后者是侧重深部矿井巷道矿压控制理论研究的代表。早在 20 世纪 60 年代，联邦德国就已经开始研究 800~1200m 的深部开采问题。20 世纪 70 年代开始研究 1200~1500m、20 世纪 80 年代开始研究 1600m 的深部开采问题（联邦德国将开采深度超过 1200m 称为超深开采或大深度开采），并且建立起了集现场实测、模型试验和理论计算于一体的"岩层控制系统"。苏联紧跟其后，着手研究 1000~1400m 的深部开采问题。

从总体上看，国外的研究一方面是将已有的岩石力学与矿山压力成果应用于深部开采，另一方面还结合深部开采的特殊性和本国国情对深部矿井巷道矿压控制进行了专门研究，通过现场观测、相似材料模拟试验、计算机数值模拟计算和理论分析等多种手段对深部开采应力、巷道矿压显现规律和深部矿井巷道矿压控制技术等进行了大量研究。

二、国内的研究

与深部开采的历史和现状相适应，由于我国煤矿进入深部开采时间较晚，与苏联和德国等相比，我国在深部矿井巷道矿压控制的理论研究和实践方面都有较大差距，还没有一套较为系统、完善的深部矿井巷道矿压控制体系。目前，国内虽然在深部矿井巷道矿压控制方面做了一些工作，但大多沿用中、浅部开采的经验，很大程度上具有盲目性。例如，至今有的深部开采矿井仍然期望用（两层甚至多层）料石砌"抵抗"深部矿井压力、依然采用留煤柱"维护"巷道。可喜的是，虽然我国对于深部矿井巷道矿压控制的研究起步较晚，但这个问题已经引起了越来越多人的重视，近几年发展较快，已有不少成果公开发表。主要成果如下：

（1）矿井热害防治方面

目前，我国千米以上深部矿井多数仅仅依靠通风系统散热，效果较差；而千米以上的矿井多数采用的降温技术是德国的气冷技术和南非的冰冷技术，降温成本高昂，企业负担大。中国矿业大学（北京）何满潮教授创造性地提出了利用矿井涌水中的冷能和全风模式来进行工作面降温，大大降低了成本，提高了降温效率。这一系统在徐州矿务集团张双楼矿进行试用，取得了良好的效果。另外，淮南已建成国内首个井下局部降温机降温系统、亚洲首座瓦斯发电余热制冷集中降温系统，为我国深部开采矿井热害防治提供了依据。

（2）水灾防治方面

深部开采高渗透压引发的水患威胁日益严重。许延春等针对赵固矿区深部开采所带来的工作面突水可能性分析了断层在采动影响下的活化导水机理，并提出了高水压工作面底板注浆加固技术及防治水技术保障措施，在实践中取得了成功。淮南矿区深部开采在"强径流通道""下三带"开采、原位张裂与零位破坏以及煤层底板采动效应等方面取得了突破性进展，对深部矿井突水预测分析评价和防治工作起到了积极的指导作用。

（3）瓦斯灾害治理方面

瓦斯爆炸所引发的煤矿死亡事故是我国煤矿安全生产出现的巨大问题。煤与瓦斯共采技术以及 Y 型和 H 型通风原理的应用，在煤矿瓦斯治理方面取得了显著的安全经济效益。近年来，以袁亮院士为主针对安徽淮南矿区深井开采的问题，对首采层采动影响下应力场、裂隙场、瓦斯场三场的发育情况及耦合关系进行了深入分析，并率先成功开发了立井井下与地面的卸压开采抽采瓦斯工程技术模型，其成果已在全国 30 余家大型煤炭企业推广应用。

（4）冲击地压灾害防治方面

近年来，针对冲击地压灾害防治方面，一些学者以淮南矿区为主在上覆岩层空间结构理论、区域性应力转移冲击理论、原始应力场突变理论等方面取得了突破性进展，并基于能量原理等提出冲击地压危险性评价方法。煤矿冲击矿压动静载的"应力场–震动波场"监测预警技术在义马矿区和大屯矿区的应用，实现了冲击矿压危险的时间与空间、定期与短临相结合的分期分级预警，综合预测准确率达到了80%以上。然而，在监测方面缺乏多参量联合预警方法，还难以做到较准确的冲击地压预警预报，还需加大对冲击地压防治技术及装备的攻关进行研究。

（5）深井巷道开挖支护方面

随着开采范围以及开采深度的增加，传统支护方式以及支护材料已不能满足深井巷道。中国矿业大学、山东科技大学联合淮南矿业集团分析研究了深井巷道围岩应力状态恢复改善、围岩结构强化、应力转移与承载圈扩大、围岩破裂固结与损伤修复等理论，提出了分级分步联合支护理论及顶板楔形加固的稳定性控制原理，创新发展了千米深井岩巷锚注支护新技术。

第三节　煤矿深部矿井开采的主要特征

（1）巷道变形量大。国内外深部开采的实践表明，开采深度为 800~1000m 时，巷道变形量可达 1000~1500mm 甚至更大，与开采深度和岩石力学性质（破裂区厚度）等因素有关。

（2）掘巷初期变形速度大。深部矿井巷道矿压显现的另一个显著特点是，巷道刚掘出时的变形速度很大。

①巷道围岩破裂区的形成经历了一个时间过程（此时间过程的长短与围岩破裂

范围即破裂区厚度有关)。

②深部矿井巷道围岩破裂的发展速度在巷道刚开掘时较快，以后逐渐衰减，直至破裂区完全形成。原因是巷道刚开掘（爆破或机械切削）时，由于应力平衡状态被突然打破，原来由巷道掘进断面轮廓内岩石支撑的上覆岩层重量转移给巷道围岩，在巷道围岩中形成支撑压力。深部开采的巨大支承压力与巷道周边处于单向应力状态的巷道围岩强度之间的极大反差很快使巷道周边的围岩遭到破坏，应力继续向巷道围岩深部转移。远离巷道周边，应力状态逐渐改善，围岩强度不断提高，同时，支护也将由于巷道围岩产生的大变形而逐渐起作用，因此，巷道围岩破裂的发展速度逐渐减小，最后完全停止，达到新的应力平衡状态。

（3）地压大、原岩应力和岩石塑性大，矿压显现明显，冲击地压发生频度高，冲击能量大。在深部矿井中开采时，岩体受力大，存在脆性岩石时更易发生冲击地压。

（4）变形趋于稳定的时间长和长期蠕变趋于稳定要经历一个较长的时间过程是深部矿井巷道矿压显现的又一大特点。

（5）巷道底鼓量大。底鼓量大是深部矿井巷道矿压显现的又一个显著特点。而且，从国内外的有关报道看，深部开采的巷道底鼓现象具有普遍性。据苏联对部分深部矿井资料的统计分析如下：

①随开采深度增大，易于产生底鼓的巷道比重越来越大。

②底鼓量及其在顶底板相对移近量中所占的比重随开采深度增大而增大。

（6）地温是指井下岩层的温度。一般情况下，地温随深度增加而呈线性增加，其增高率用温度梯度（℃/hm，1hm＝100m）表示。地温决定着井下采掘工作面的环境温度，即矿井温度。在深矿井开采中，矿井温度一般都比较高，会影响人体健康，有时甚至会远高于人体所能承受的最高温度。

（7）矿井瓦斯量大。

①矿井瓦斯（绝对）涌出量大。矿井瓦斯（绝对）涌出量随开采深度增加而增大，其原因是：一般情况下，煤层埋藏深，煤层瓦斯含量大；煤炭开采强度随采深增加而增大。

②瓦斯突出（煤与瓦斯突出）频度大，突出的量大。影响瓦斯突出的因素有：瓦斯赋存量和压力；煤（岩）的物理力学性质和所受地压；地质条件等，这些因素随开采深度增加而增大。因此一般情况下，瓦斯突出的频度和突出物量也随采深增加而增大。

第四节　煤矿深部矿井开采存在的问题

煤炭资源为我国经济发展做出了巨大贡献，未来煤炭作为我国主体能源的地位仍不会改变。随着我国浅部煤炭资源开采殆尽，深部开采的研究势在必行。然而，随着开采深度的增加，各种技术难题凸显。如何保证深部煤炭资源安全、高效、低成本地开采，继续为我国的经济发展提供强劲动能，是当前我国煤炭行业亟待解决的技术难题。随着采深的加大，煤矿开采存在的主要问题有：

（1）高地压

随着开采深度的增加，矿井原岩应力和构造应力不断加强，并且呈线性增长。随之带来的巷道变形速度快，破坏范围加大，持续变形，底鼓严重，返修率高。当采深从500m增加到1000m时，仅垂直应力就达到了27MPa，远超过了工程岩体的抗压强度。围岩在临近破坏时通常表现出变形加剧现象，使得冲击地压及煤与瓦斯突出等动力灾害的威胁逐渐增大。随着煤层埋深增大，对于泥岩、页岩等强度低的围岩，在上覆岩层重力作用下，会产生塑形变形；在浅部呈现中硬岩变形破坏特征的工程岩体，进入深部后转化为高应力软岩，表现出大变形、高应力和难支护的软岩特征。深部岩体具有的大变形和强流变特性，常导致巷道顶板下沉和两帮移近明显，底鼓严重，巷道维护十分困难。

（2）高地温

随着开采深度的不断增加，原岩温度不断升高，回采与掘进工作面的高温热害日益严重。如徐州夹河、张双楼、三河尖、张集等矿工作面温度超过35℃，严重影响工人的身心健康。一般情况下，地温随着深度增加呈线性或非线性递增的趋势；在调研中也发现，一些矿井出现了到达某一深度后温度突然变化，出现局部异常的现象；由于岩层结构变化改变了热流方向，导致井田不同区域温度场分布差异，如越靠近褶曲构造轴部地温越高；另外，进入深部开采后，高地温诱发岩体的物理力学性质也会发生剧烈变化。据相关资料，岩体内温度变化1℃可产生0.4~0.5MPa地应力变化。深部岩体在高温环境下出现了很多热力学效应，从而可能引发深部开采中的许多次生灾害。同时，工人在高温环境中长时间劳动会影响人的中枢神经系统，使人疲劳、精神恍惚，容易引发事故。

（3）高水压

随着采深增加，地下水渗透压力相应增大。浅部开采中，矿井水主要来源是第四系含水层或地表水通过采动裂隙网络进入采场和巷道，水压小，渗水通道范围大。但随着采深加大，承压水位高，水头压力增大，在高地应力和水压力长期作用下，深部巷道围岩变形破坏严重，围岩有效隔水层厚度降低，加上采掘扰动造成断层裂隙活化，而形成渗流通道相对集中，矿井涌水通道范围窄；随采深加大，位于华北煤田的一些矿区已开采到石炭系下部煤层，距离奥陶系灰岩近，受岩溶水及陷落柱威胁产生底板突水危险。如河南省义马煤业集团义安矿及孟津矿煤层底板承压达 7.5MPa。江苏省徐州三河尖矿底板奥陶系石灰岩含水层水压高达 8.32MPa，导致 2002 年发生大型底板突水事故。

（4）高瓦斯

随着埋藏深度的增大，煤层瓦斯压力多呈静水压力梯度递增。以淮南矿区为例，开采深度在 900m 时测定出的最高瓦斯压力达到 4.5MPA，随着瓦斯压力增大，煤吸附的瓦斯量增加，从而使煤层瓦斯含量增大，瓦斯含量递增的平均梯度可折算为 $1m^3/[t\cdot(52\sim75m)]$。由于受到深部高应力作用，煤层内瓦斯气体压缩达到最高峰，煤岩体内就会聚集很多的气体能量。而后在采掘扰动的作用下，压缩气体剧烈释放，造成工作面或巷道的煤岩层突然被破坏易导致煤与瓦斯突出。另外，相比于浅部采空区，深部采空区的瓦斯含量显著增大。

（5）低煤岩渗透性

我国 80% 以上的煤层都是高瓦斯低透气性煤层，大多数煤矿瓦斯赋存具有低渗透压、低渗透率、低饱和度及非均质性强的"三低一强"的特性，在深部高地应力、高围压条件下，煤岩层透气性更差。低透气性易导致瓦斯封存，造成瓦斯含量高、压力增大，瓦斯抽采难度增加。在大采深和高强度开采的背景下，瓦斯涌出量越来越大，瓦斯爆炸和瓦斯突出危险的威胁越来越严重。矿压显现加剧，巷道维护困难；煤岩破坏过程强化，冲击地压危险性增加；瓦斯压力增加，煤与瓦斯突出危险加大；深热矿井增加，气候条件恶化；矿井生产费用增高，经济效益下降。

（6）强冲击地压

煤岩体在深部由于自重应力的增加以及地质构造的复杂性，容易积聚大量的能量。在开挖以及工程扰动的情况下，使得积聚的能量释放大于矿体失稳和破坏的能量，导致巷道突然变形，发生冲击地压。另外，其容易和煤与瓦斯突出、承压水现象共同作用，产生"共振"效应，引发更大危险。

（7）强烈的采掘扰动

对于深部开采，受采动影响的巷道高于原岩应力的数倍甚至几十倍，使浅部岩石由原来的弹性应力状态进入深部后转化为塑性状态，造成更多岩石的破坏失稳，使得矿压显现更为剧烈，支护更加困难。同时，巷道群掘进时，由于巷道两侧的应力破坏区范围更大，使得相邻巷道掘进过程中应力增高范围区叠加，会造成先掘巷道的变形，相邻巷道周边围岩应力分布需要多次、长时间才能趋于平衡，巷道返修率明显加大。

深部"五高一扰动"的复杂地质环境因素，使得煤炭资源的开采更加困难，伴随的灾害事故频发。从而引发了深部开采的一系列技术难题，具体概括为：矿井热害防治问题、水灾防治问题、煤与瓦斯突出问题、冲击地压问题、巷道围岩强度变形支护问题、煤层自燃问题以及生产成本问题。如何才能解决好这些技术难题成为深部开采的关键。

第五节　国内外在深部矿井开采方面的研究成果

我国学者在20世纪80年代末也开始了深部矿井开采方面的研究，"八五"和"九五"期间都曾做过大量的工作。近几年来，在深部煤巷的围岩稳定与支护方面取得了一些进展，尤其是在煤巷锚杆支护的实用技术方面已经取得了相当大的进步。

钱鸣高等通过对深部开采中发生的冲击矿压和突水灾害的统计分析，阐明了深部采动岩体中的关键层活动对冲击矿压和突水事故的关系；侯朝炯等在模型试验和数值分析的基础上，提出了锚杆支护巷道围岩强化理论和复杂条件下煤巷锚杆支护、综放沿空掘巷围岩结构稳定性原理，并系统地论述了煤巷高强锚杆动态系统设计方法；陈庆敏和张农等提出了基于高水平地应力的刚性梁理论和基于高垂直地应力的刚性墙理论；张农、侯朝炯等针对深井三软煤巷的特点，提出了加固帮角控制围岩稳定、高阻让压支护限制围岩变形和强化顶板保证安全的支护原理，研究了合理的锚杆支护技术和帮顶锚固方式；李家鳌等对小锚索支护煤巷进行了试验研究；崔德仁等研究了破碎岩层煤巷锚杆支护，提出锚杆及其锚固范围内的岩体共同形成锚岩支护体的新概念；朱浮声、郑雨天等研究了锚杆预拉力对巷道顶板下沉量和锚杆的间距、排距参数设计的影响；康红普、鞠文君等研究了煤巷锚杆支护动态信息设计法；W.J.Gale，R.L.Blackwood和SongGuo，J.Stankus研究了预应力锚固体系对煤层顶板的控制作用。

总的来看，已有的研究主要集中在煤巷顶板和两帮围岩稳定控制与支护上，但对底板围岩的稳定没有引起足够的重视，而且没能根据深部高地应力及多场耦合作用的特点去认识整体围岩稳定的机理。

在岩巷的围岩稳定控制理论与支护技术方面：宋宏伟、靖洪文等对软岩巷道锚喷网支护进行了研究，采用围岩松动圈理论进行支护设计，提出巷道围岩的碎胀变形是支护的主要对象；何满潮、邹正盛等对高应力软岩巷道支护进行了研究，采用预留刚柔层技术、预留刚隙柔层技术和锚杆三维空间优化技术等多种变形力学机制转化技术来提高围岩的强度及其均一性，提出了耦合支护力学原理；庞建勇等提出了巷道的局部欠支护效应；杨新安、陆士良、王连国等提出软岩巷道锚注联合支护改善围岩强度的思想；C.LI，B.Stillborg对全长粘结式单体锚杆的力学性能进行了理论分析并建立了力学模型；A.Klllc、E. Yasar、A. G. Celik研究了不同锚固长度和不同的锚固直径下锚杆的锚固效应。

　　总的来说，国内外对煤矿深部岩巷的研究与煤巷相比要薄弱得多，在理论研究方面主要是基于过去煤巷和浅部岩巷支护的实践提出了一些经验性的支护理论，尚未针对深部岩巷受高地应力、高渗透压力和温度梯度耦合作用下发生变形、破裂、失稳的特点提出有效的围岩稳定控制理论；在支护技术方面仍然沿用过去以 U 型钢可缩性支架为代表的被动支护形式和传统锚杆支护技术辅助以注浆加固技术，并未从围岩变形破裂机理上去探索新的锚杆支护原理和布置方法。

　　从煤矿井下的实际情况来看，许多煤矿的深部巷道开挖支护一个月后因围岩变形、破坏严重不得不翻修，每隔 1~2 个月需要翻修一次，每年需要翻修若干次，这种局面已严重影响和制约了我国煤炭工业的发展。深井巷道变形剧烈、维护困难、支架折损严重、返修率高、维护费用成倍增加，安全状况恶化等，这些问题是深井开采的主要问题。相关资料及研究均表明：采用传统的架棚支护、现有的锚杆支护技术都不能解决深井煤巷的支护问题。当埋深大于 1000m 后，以德国为代表的 U 型钢可缩性支架、壁后充填、预留断面等架棚支护方法都无法有效维护巷道，巷道断面收缩率达 70% 以上，在掘进期间就多次进行卧底、返修。

　　综上所述，目前我国关于深部岩巷围岩稳定控制与支护的理论及技术还不成熟。而且，由于断面形状、围岩性质、服务年限等方面的明显差异，深部岩巷与煤巷围岩稳定与支护有很大不同。近年来，随着一大批大型国有老矿井向 1000m 左右深度延伸，对深部岩巷围岩稳定与支护中涉及的理论与关键技术的研究显得尤为迫切，这不仅关系到我国的能源资源能否可持续开发利用，更关系到国民经济能否持续发展。

第二章

深部矿井巷道压力特点及变形规律

第一节　深部矿井巷道矿压显现的基本特点

一、国内外对深部矿井巷道失稳的研究现状

谢和平指出，深部开采必然诱发一系列工程灾害：①巷道变形速度快、巷道围岩变形范围大；巷道持续变形、流变成为深部巷道变形的主要特征；②采场矿压显现剧烈，采场失稳，易发生破坏性的冲击地压；③金属矿和煤矿相关的统计资料表明，随着开采深度的增加，岩爆的发生次数及强度会随之上升，巷道中岩爆危险性增加；④瓦斯高度聚积、诱发严重的安全事故；⑤深部开采条件下，岩层温度将达到几十摄氏度的高温，作业环境恶化；⑥矿山深部开采诱发突水的几率增大，突水事故趋于严重；⑦井筒破裂加剧；⑧煤自燃发火、矿井火灾及瓦斯爆炸加剧。此外，深部开采对地表环境也往往造成严重损害。

勾攀峰应用弹塑性力学理论建立了巷道围岩系统的势能函数，进而用突变理论方法建立了巷道围岩系统尖点突变模型，从而提出了确定深井巷道临界深度的方法。

钱鸣高指出，深部高应力来自两个方面：①原岩应力绝对升高；②开采应力与原岩应力叠加，更易集中，称其为采动应力集中。他指出理论是解开岩体运动全过程的一种科学方法和途径，必须深入研究"采动岩体中的关键层运动对深部资源开采的影响"。

杜计平用解析的方法分析了岩石的力学特性、采深、开采影响、服务时间和支护对巷道围岩松动碎胀圈半径、巷道围岩及支架变形的影响，得出不同掘进和布置方式的回采巷道围岩变形随采深增加的规律。

在矿山深部开采方面，古德生强调应当关注矿床深部开采中可能面临的以下科学问题：①深井高应力矿岩的岩爆控制；②深井高应力矿岩的碎裂诱变；③深井开采中的高温环境与控制；④深井采矿模式与采矿系统优化；⑤深井低品位矿床无废开采技术。古德生强调深井开采是一项涉及多学科的复杂工程，也是关系到未来10~30年矿业能否可持续发展的社会工程。

何满潮提出的关键部位耦合组合支护理论认为，巷道支护破坏大多是由于支护体与围岩体在强度、刚度等方面存在不耦合造成的，要采取适当的支护转化技术使其相互耦合。复杂巷道支护要分为两次支护，第一次是柔性的面支护，第二次是关键部位的点支护。

于学馥教授等（1981）提出"轴变论"理论，认为巷道垮落可以自行稳定，可

以用弹性理论进行分析，围岩破坏是由于应力超过岩体强度极限引起的，垮落改变巷道轴比，导致应力重新分布，应力重新分布的特点是高应力下降，低应力上升，并向无拉力和均匀分布发展，直到稳定为止。应力均匀分布轴比是巷道最稳定的轴比，其形状为椭圆形。此外，还运用系统论、热力学等理论提出开挖系统控制理论，认为开挖扰动破坏了岩体的平衡，该平衡系统具有自组织功能。

董方庭提出了松动圈理论。该理论认为：凡是裸体巷道，其围岩松动圈都接近于零，此时巷道围岩的弹塑性变形虽然存在，但是并不需要支护；松动圈越大，收敛变形越大，支护难度越大。因此，松动圈理论认为，支护的目的在于防止松动圈发展过程中产生的有害变形。在此基础上，董方庭将围岩分为五类，见表2-1。

松动圈围岩分类   表2-1

序号	围岩类别	松动范围（cm）
Ⅰ	稳定围岩	0~40
Ⅱ	较稳定围岩	>40~≤100
Ⅲ	一般围岩	>100~≤150
Ⅳ	软岩	>150~≤200
Ⅴ	较软围岩	>200~≤300

二、深部矿井巷道矿压显现的基本特点

开采深度的增加是矿井生产的自然规律，随之而产生岩石温度增加，地压增大，岩石破坏过程强化，巷道围岩变形剧烈，冲击地压强度增大和频度增加等自然现象。它将严重影响着煤矿的安全生产和经济效益。

深部煤层开采复杂化的主要影响因素是矿山压力，在高应力作用下，围岩移动更为剧烈，巷道产生的变形和破坏也更为严重，巷道围岩变形速度快、变形量大，巷道周边变形范围大；巷道对支架的工作特性要求高，初撑力、工作阻力和可缩量均大，即使开掘在底板岩石中的巷道，用拱形金属支架和各种结构封闭式支护的巷道有时也遭受巨大变形。巷道从使用期间维护困难已发展到掘进期间维护困难，掘出后废弃的巷道增多，巷道掘好后不久将失稳。围岩收缩变形较大，其巷道稳定性随深度增加而逐渐恶化，使深部巷道的维护费用剧增。矿井采深越大，自重应力越大。在坚硬顶板条件下，巷道围岩或煤体积聚的弹性能也增大，特别在构造应力集中区，当支架-围岩作用平衡体受到诸如放炮等因素诱发而失稳时，更易发生冲击地压。

第二节　深部矿井巷道围岩变形规律

在重力、工程偏应力、地质构造、岩性、动压等诸多因素影响下，深部矿井岩石巷道围岩具有如下变形规律：

（1）深部矿井巷道围岩具有软岩流变特性。巷道围岩变形区分为松动区和塑性区，区别在于易控带和不易控带。围岩表层的松动区是易控带，而塑性区是不易控带。因为塑性区是上覆岩层地压和采动集中压力造成的，对于深部地下开采而言，特别是有采动影响时，支护体无法抗衡集中压力，防止围岩产生塑性变形，而只能使支护性能适应塑性区的岩移，且支护体要有相应的可缩性。对松动区来说，支护体要控制其移近量，保持其相对完整性，使移近量控制在支护结构所能承受的范围内，保持松动区的相对稳定，不使其解体坍塌。

（2）深部矿井巷道围岩变形具有明显的时间效应。深部矿井巷道掘出后，围岩变形速度随掘出时间的变化而变化的性质称为时间效应。具体表现为巷道掘出后围岩变形速度较大，随时间增加，变形速度递减。但围岩仍以较大速度变形，且持续时间较长。遇到动压影响，此现象还会加剧。如不采取有效的支护措施，当变形量超过支护结构的允许变形量时，支护结构承载能力下降，围岩变形速度加剧，最终导致巷道结构失稳。

（3）深部矿井动压巷道围岩自稳时间短，收敛变形量大。围岩从暴露到冒落的时间，取决于围岩暴露面的形状和面积、岩体强度和原岩应力。深部矿井巷道在高应力作用下，围岩出现应变软化现象。在巷道掘出后，围岩变形速度较大，变形量剧增，当变形量超过围岩允许变形量时，围岩开始松动、塌落。围岩自稳时间短，一般仅几十分钟到十几小时。巷道围岩收敛变形具体表现为顶底板移近、两帮内移。其中铅直方向顶底板移近量以底鼓为主，顶板下沉量仅占很小比例。

第三节　深部矿井巷道破坏机理及流变分析

一、深部矿井动压巷道破坏机理

随着开采深度的增加，巷道围岩处于高地应力作用之下，还要受到采动的影响，在浅部表现为硬岩的岩石会逐渐过渡到软岩范畴，呈现大地压、难维护局面。此种意义上的围岩变形主要是指在重力作用下巷道围岩的变形破坏。而且，这种破坏具有与深度有关而与方向无关（构造应力作用时除外）的特点。

即在开挖浅部巷道时，按常规支护方式的巷道变形不明显，随着深度的增加，在开挖时选用直墙半圆拱断面，部分地段全断面架设槽钢棚、部分地段两帮浇筑混凝土、半圆拱砌碹支护。按理说支护强度已经很高，但是从开采至今破坏依然严重。虽然经过多次翻修，仍不能满足使用断面，只能报废，这充分说明刚性支护不能适应围岩的无休止流变变形。另外，巷道在开挖后，围岩应力状态发生了较大改变，切向应力在巷道壁附近出现局部集中，距巷道壁愈远则愈接近原岩应力状态。

这时巷道围岩中任一点的应力状态可用二阶应力张量表示，而此二阶应力张量可分解为两部分，即球应力张量和偏应力张量：

$$\begin{bmatrix} \xi_{xx} - \xi_c & \eta_{xy} & \eta_{xz} \\ \eta_{yx} & \xi_{yy} & \eta_{yz} \\ \eta_{zx} & \eta_{zy} & \xi_{zz} \end{bmatrix} = \begin{bmatrix} \xi_{xx} & \eta_{xy} & \eta_{xz} \\ \eta_{yx} & \xi_{yy} - \xi_c & \eta_{yz} \\ \eta_{zx} & \eta_{zy} & \xi_{zz} - \xi_c \end{bmatrix} + \begin{bmatrix} \xi_c & 0 & 0 \\ 0 & \xi_c & 0 \\ 0 & 0 & \xi_c \end{bmatrix} \tag{2-1}$$

球应力张量不引起形变，它是一种三向均压状态。偏应力张量引起巷道围岩的变形破坏，因此工程开挖引起的偏应力局部集中是深部矿井巷道围岩变形破坏的另一主要因素。巷道在掘进工程中，不可避免地要遇到地质构造，如断层破碎带、背斜、向斜轴、褶皱带等。由于煤层群的开采，巷道围岩还要受到重复采动的动压影响，虽然有煤柱保护，但实践证明，由于开采方法的不合理，巷道多数遭到破坏。研究表明，深部矿井动压巷道，特别是围岩强度相对较弱的巷道，围岩的主要破坏形式和变形机理为挤压流动变形，其特点是巷道围岩是已经遭受过变形破坏的软弱破碎岩体，在受采动影响或随时间流变时，这些软弱破碎围岩的再变形破坏过程中的体积碎胀导致巷道发生大的变形。

二、流变分析

流变性包括弹性后效、流动、结构面的闭合和滑移变形。弹性后效是一种延迟发生的弹性变形和弹性恢复，外力卸除后最终不留下永久变形。流动又可分为黏性流动和塑性流动。它是一种随时间延续而发生的永久变形，其中黏性流动是指在微小外力作用下发生的永久变形，塑性流动是指外力达到极限值后才开始发生的塑性变形。闭合和滑移是岩体中结构面的压缩变形和结构面的错动。

对地下硐室而言，由锚杆和所支护部分的岩体组成承载拱，其本身强度和刚度特性都比较好，故具有约束围岩变形、保持硐室稳定的功能。锚杆支护技术应用的长期实践已经揭示出软岩巷道由于岩性差或高应力的作用，巷道围岩较大范围的岩体发生破坏导致巷道变形，此时支护系统必须有足够的承载能力才能够控制围岩变形，保持巷道的形状及其正常使用，锚杆支护作为一种主动支护方法，可以锁紧破碎岩体，使之强度提高，将锚固体变为承载结构，以抵抗大范围的围岩应力，从而保持巷道的稳定性。此时，可以把锚固体看成是一种新型的等效材料。在实际工程中，当锚杆间距、排距比地下建筑物的临界尺寸小得多时，可以把锚杆的作用分布到岩体的一定体积上，从而用等效材料的方法研究加固围岩的力学动态。

第四节　深部矿井巷道围岩破坏范围的影响因素

围岩普遍处于破裂状态是深部矿井巷道矿压的主要特点之一。巷道围岩破裂范围-破裂区厚度是围岩应力与围岩强度共同作用的结果，可以作为评价深部矿井巷道稳定性和支护难易程度的指标。并且，围岩破裂是深部矿井巷道变形量大的根本原因，破裂区厚度是巷道变形量的主要决定因素。显然，巷道围岩破裂范围-破裂区厚度是深部矿井巷道矿压控制的一个重要基础参数。

目前，确定巷道围岩破裂范围主要有两种方法，即现场实测和理论计算方法。现场实测有多种方法，比较常用的是声波法和多点位移计法。现场实测对于解决具体地下工程的支护问题无疑是有效的，尽管实测中还有一些影响实测结果的问题需要进一步解决，然而实测数据只能综合反映围岩应力与围岩强度相互作用的结果，不能建立起测试结果与二者之间的确切关系。而这种关系对于指导深部矿井巷道矿压控制实践，如确定巷道矿压控制原则和确定合理的巷道位置等都是必需的。

建立在某种数学力学模型基础上的理论计算方法由于对实际问题进行了适当简化，而且具有岩石力学参数和原岩应力等难以准确确定的缺陷，因而计算结果与实际情况有一定差异。然而，理论计算法的主要贡献在于，它建立起了巷道围岩破裂区厚度与尽可能多的影响因素之间的关系，从而有可能将相应的技术措施减小甚至完全消除某些因素对围岩破裂范围的影响。即使是用今天的观点看来与实际相去甚远的围岩破裂范围（塑性区半径）的 Fenner 解答仍然不失有对实践的指导意义，大量实践已经证明了这一点。由于两种方法都有其局限性，因此，最好是两种方法同时使用。

刚性试验机的问世使人们有可能全面了解和认识岩石变形破坏的全过程，从而揭示了岩石不同于金属材料的重要特性，这就是岩石的应变软化和体积破裂膨胀性。即岩石破裂（应力超过强度极限）后，强度随应变增大而衰减直至残余强度，同时伴随体积的塑性膨胀（体积应变不等于零）。与岩石的破裂膨胀性相比，岩石扩容引起的巷道收敛变形在深部开采巷道围岩破裂范围较大的情况下只是一个小量。研究表明，岩石的应变软化性对围岩破裂范围影响较大，而此两个特性对巷道变形都有显著影响。

经研究发现影响巷道围岩破裂范围-破裂区厚度的因素有：

（1）岩石应力，包括开采深度 H 和采动影响等。

（2）岩石力学性质，主要有岩体单向抗压极限强度、残余强度和应变软化程度。

（3）支护方面的因素，包括支护阻力和巷道掘进尺寸。

第五节　深部矿井巷道的矿压控制

一、优化巷道布置

采准巷道的布置应避开煤柱集中应力、构造集中应力、采动应力的影响，选择在岩性较为稳定的岩石中。深部采区主要准备巷道应以岩巷为主或至少布置一条岩巷。随着深度的增加，回采工作面推进后煤体塑性区增加，致使区段煤柱留设宽度随之增加，为保证采区回收率，减少巷道维护，工作面回风（运输）平巷宜采用无煤柱护巷的形式。巷道施工在遇到以压应力为主的褶曲、逆断层时，巷道方向尽量与褶曲轴或断层走向垂直或斜交；在遇到以拉应力为主的正断层时，巷道方向则与断层走向一致或斜交，从而达到减小矿压显现的目的。回采巷道布置的方位应使工作面离开断层推进，使采区一翼内工作面同向推进。避免巷道相向掘进和巷道近距离平行布置，减少相交巷道（或避开锐角），从而减小应力集中，减少发生冲击地压的危险性。

二、改革巷道支护形式

对国内外大量深部开采的矿井研究表明，布置在中硬以下岩层中的巷道变形破坏严重（特别是受采动影响后），当采深在 800m 以上时，在中硬及中硬以上岩层内布置的巷道，若采用传统的支护方式，巷道维护仍然很困难。因此，深部矿井中，除要求合理布置巷道位置外，还应根据深部矿井矿压特点，巷道支护必须满足既能加固围岩又能提供较大的支护力、具有较大的可缩性和一定的初撑力等要求，根据围岩状况和巷道条件采用不同的支护形式。目前，深部矿井巷道应采用的主要支护及控制措施有以下几方面。

（1）在采准巷道中发展多种形式的 U 型钢可缩性支架，是解决围岩高应力、大变形的有效支护形式。提高支架架设质量，加强壁后充填，改善支架受力状况。

（2）发展以锚杆为主体的新型支护，即锚喷支护、锚梁网组合支护、锚杆与可缩性支架联合支护以及可缩性锚杆等。合理选择支护形式和参数，加强质量管理，完善检测手段等是锚杆支护应用的重要问题。

（3）针对采准巷道不同时期，采动影响引起的不同围岩移动特征，采用改变巷道支护方式、调节巷道支护强度的非等强多次支护工艺，对改善深部矿井巷道的技术经济效益有重要意义。

（4）锚喷网联合支护在服务年限长、围岩较稳定的深部矿井巷道中广泛应用，这一支护形式能充分发挥围岩自承能力，防止水及空气对围岩的风化作用。

第六节　深部矿井回采工作面的矿压控制

一、深部矿井回采工作面矿压控制的特点

深部采场矿压控制特点是由深部采煤工作面顶板岩性变化特点和可能发生的冒顶事故类型决定。经调查，深矿井开采煤层的顶板岩性变化随着采深增加，顶板岩层有逐渐变碎和强度降低的趋势；随采深增加，断层、裂隙、层理和节理逐渐发育，同一层位的岩层分层厚度逐渐变薄，弱面增多，采场顶板悬顶长度逐渐减小，由不容易垮落变得容易垮落；在顶板岩层变碎和强度有所降低的情况下，深部矿井采场出现漏垮型冒顶事故可能性加大。

二、深部矿井回采工作面矿压的控制措施

（1）对工作面前方已产生裂隙的煤、岩体，超前工作面注浆，注入树脂类粘结剂，使其固化，提高煤岩体自身强度，保证其稳定性，也可采用深孔树脂锚杆加固顶板和煤壁。

（2）尽量缩小端面空顶距，减小无支护面积。若液压支架前探梁有伸缩功能，更有利于新暴露顶板的及时维护，特别有利于片帮后裸露顶板的管理。

（3）提高前梁支撑力，及早地使支撑力与顶板压力取得平衡，减小新暴露顶板的离层、挠曲几率。加强移架工序的管理，尽力减少破碎顶板的活动程度。

（4）对单体支柱工作面，顶梁上尽量铺笆或金属网，若有漏顶，应及时构顶填实，以防顶板失控，导致支架失稳。

（5）要有合理的开采顺序和回采方向，避免应力叠加造成煤壁压酥，顶板破坏。

（6）工作面上、下出口及上、下顺槽超前支承压力的应力叠加带，应优先选用稳定性较好的十字铰接顶梁支护系统。

（7）要踏实地做好测压工作，掌握初次垮落、初次来压、周期来压步距、超前支承压力的有害影响范围、支柱载荷及巷道围岩变形规律，以便针对性地做好量化管理。

第三章

深部巷道支护技术研究

第一节 深部开采支护技术

一、围岩状态是巷道矿压控制的基础

由于开采深度大，深部矿井巷道围岩普遍处于破裂状态，这与中浅部开采有所不同。并且，现有支护不可能改变深部矿井巷道围岩的破裂状态。因此，深部开采巷道矿压控制原则的确定和控制措施的采用都应建立在围岩破裂状态的基础上。

支护不能改变深部矿井巷道围岩破裂状态的含义是：支护不能控制围岩破裂的发生，这有理论和实践两方面的原因。

开采深度越大，岩体强度越小，欲控制围岩不破裂从理论上应提供的支护阻力就越大，即使支架能提供1MPa的支护阻力（通常达不到），支架从理论上控制围岩不破裂的可能性对于泥岩在开采深度超过260m时已不存在，对砂页岩只在开采深度小于490m、砂岩只在开采深度小于900m时存在这种可能性。支护阻力越小、巷道围岩强度越低，支架从理论上能控制围岩不破裂的开采深度就越小。

在实践上，由于支护不及时以及支护时支架通常不能与围岩密切接触，只有在巷道产生较大变形后支护才起作用，而此时围岩无疑已经破裂。事实上，深部矿井巷道一开掘时围岩就处于破裂状态，产生了破裂区。可见，与中浅部开采不完全相同，深部开采面对的是开巷后围岩处于破裂（残余强度）状态，这就是深部矿井巷道矿压控制的基础。

二、深部矿井巷道控制的原则

巷道围岩破裂范围（破裂区厚度）是深部矿井巷道围岩稳定性、变形量大小和支护难易程度的决定因素。虽然深部矿井巷道围岩的破裂状态不能改变，但采取包括支护在内的一切矿压控制措施，控制围岩破裂的发展、减小围岩破裂范围是可能的。

矿山压力的任何控制措施都是建立在矿山压力的影响因素基础上的，影响围岩破裂范围的主要因素也就是影响深部矿井巷道矿压的主要因素包括：

（1）巷道所处应力场。包括开采深度和采动影响等。

（2）巷道围岩的力学性质。主要有岩体的极限强度、残余强度和应变软化程度，此外，岩体弹性模量对巷道变形有较大的影响。

（3）巷道支护与维护方式等。通常，开采深度是不可选择的，只要人类继续有对矿产资源的需求，开采就必然向深部发展，或迟或早。而其他因素的影响都可以通过采取适当的措施降低到一定程度，有的则完全可以消除它们的影响，例如：采用前进式采煤法可以避免超前支承压力的影响，而掘前预采则可以完全消除采动的影响。

深部矿井巷道矿压控制总的原则是：采取一切可能的措施，减小巷道围岩的破裂范围。这是由深部矿井巷道围岩状态的特点决定的。减小巷道围岩破裂范围可以采取多方面技术措施，如图3-1所示。这些技术措施归根结底是通过降低应力和保证巷道围岩有较高的强度或提高岩体强度，从而达到减小巷道围岩破裂范围、提高巷道稳定性的目的。

选择适当的巷道位置和巷道保护方法是深部矿井巷道矿压控制的基本要求和原则，合理的巷道支护是深部矿井巷道矿压控制的根本保证。通常，岩层卸压和单纯的岩层（支护如锚喷支护、锚注支护等也具有加固围岩的作用）作为深部巷道矿压控制的辅助措施。然而，在围岩条件相当差的情况下，岩层加固是必须的。在岩层压力（开采深度）很大的情况下，岩层卸压是必须的；有时，岩层卸压和岩层加固都是必要的。

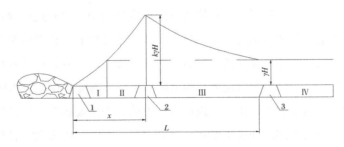

图 3-1　巷道保护方式

1—无煤柱；2—小煤柱；3—大煤柱；

Ⅰ—破裂区；Ⅱ—塑性区；Ⅲ—弹性区；Ⅳ—原岩应力区

深部矿井巷道矿压控制的难点依然是采准巷道，特别是不得不布置在煤层中的回采巷道，在深部开采条件下当受到数倍于原岩应力的支承压力作用时将变得很难维护。改善煤层平巷的维护条件应采取多种措施，最根本的是改变开采体系，即改后退式回采为前进式回采。

目前，我国普遍采用后退式采煤法，在深部开采中也不例外。由于区段平巷在工作面回采前一次掘出，在深部开采条件下掘巷时就会产生较大变形，受采煤工作面超前支承压力的影响，巷道维护状况将进一步恶化，产生严重变形甚至破坏，结果不得不翻修。

采用前进式采煤体系时，区段平巷随采随掘，不仅维护时间短，而且不受工作面前方移动支承压力的影响，对深部开采的煤层平巷维护比较有利。联邦德国的研究表明，前进式采煤法的巷道变形量比后退式采煤法小得多。在开采深度为1600m的情况下，提前掘进（后退式采煤法）的工作面巷道受一次采动影响后，其顶底板相对移近量高达巷道原始高度的89%。而随工作面开采同时掘进（前进式采煤法）的巷道顶底板相对移近量仅46%。若用建筑材料充填则可以降低到35%。开采深度越大，前进式采煤体系的优点越突出。

目前，国外采用前进式采煤法的比重比较大，如英国达80%，德国为60%，波兰占40%，法国为50%。从深部开采的煤层巷道维护问题出发，我国也应推行前进式采煤体系。国外的实践表明，通过采取适当的技术措施，前进式采煤法的通风安全问题是可以解决的。

然而，需要指出的是，由于前进式采煤法必然要与沿空留巷相结合，而在厚煤层中沿空留巷通常比较困难，特别是在深部开采的条件下，因此前进式采煤法应首先在薄煤层和厚度较小的中厚煤层中推广应用。

深部矿井巷道布置原则同中浅部开采一样。深部开采的巷道也应布置在：①开采形成的应力降低区；②强度高、整体性好的稳定岩层中。就巷道位置而言，不外乎巷道的埋藏深度、巷道与采场（采空区）或其他巷道的相对位置以及巷道所处的岩层层位。开采深度是不可选择的，因而从这种意义上说，巷道埋藏深度也不可选择。然而，巷道与采空区的相对位置和巷道的岩层层位通常有较大的选择余地。

岩石力学性质是影响深部矿井巷道矿山压力的一个主要因素。好的围岩条件能在一定程度上甚至大大削弱开采深度和采动对深部矿井巷道围岩稳定性的影响，因为巷道围岩稳定性取决于围岩应力与围岩强度相互作用的结果，即围岩状态或围岩破裂范围。国外不少金属矿山的开采深度达2000~3000m，世界上开采深度最大的南非金矿达4000m，但巷道支护问题并不突出，而煤矿的开采深度达到800~1000m后巷道支护问题通常变得很困难，原因就在于金属矿床特别是内生矿床的围岩强度比煤矿床的围岩强度高得多。

煤矿开采的实践也表明，若巷道围岩为厚层砂岩或整体性好的石灰岩，即使开采深度超过1000m，巷道变形量也很小，用一般支护方法也能成功地维护。相反，若巷道围岩为节理裂隙发育、强度低的松散软弱岩层，即使开采深度仅300~400m，巷道变形量也很大，常规支护方法已很难维护。因此可以认为，在深部开采条件下，岩性对巷道围岩稳定性的影响比中、浅部开采突出。

此外，由于以下多方面原因，使得深部开采的巷道底板问题比较突出。这些原因主要是：①深部开采压力大；②巷道形状及对底板无支护不利于控制底鼓；③水对底板岩层的软化作用（如欲用锚杆控制底鼓，而在施工过程中将水导入底板岩层，结果适得其反）；④施工过程中底板岩层遭到破坏（如底板超挖、履带式装载机反复碾压底板等）。然而，造成底鼓的根本原因是底板岩层的强度低（破裂膨胀）或底板岩层遇水膨胀。

因此，应特别强调巷道底板岩层的力学性质。巷道布置在开采形成的应力降低区内，不仅可以免受采动的影响，而且，由于应力降低区内的应力低于原岩应力，因此还可以在一定程度上减小开采深度的影响。众所周知，开采将在采场（采空区）四周形成支承压力，并向底板岩层中传播。在煤层（煤柱下方的）底板岩层中形成应力升高区。通常开采形成的支承压力是原岩应力的数倍甚至十倍以上，与采动状况（一侧采动还是两侧采动）、距离煤壁（煤柱）边缘的距离与采空区的相对位置等因素有关。显然，开采的影响随开采的深度成倍增加，从而使巷道所处的应力成倍增大。在很大程度上，采动对深部矿井巷道维护的影响远远超过开采深度的影响。不过，开采深度不能选择，只能通过适当的巷道位置避免或减小开采形成的支承压力的影响。这就需要将巷道布置在开采形成的应力降低区。

三、无煤柱护巷原则留煤柱和不留煤柱（无煤柱）是巷道保护的两种基本方式

在深部开采条件下，由于支承压力峰值处距煤壁边缘的距离和支承压力的影响范围增大，因此，为了避免支承压力的影响，留煤柱护巷势必大大增加护巷煤柱宽度（图3-1中第3种巷道布置方案）。然而理论分析和现场实践都表明，要完全避免支承压力的影响，在深部矿井条件下煤柱宽度将达150m以上。开采深度越大，煤体强度越低，不受支承压力影响需要留的护巷煤柱宽度越大。毫无疑问，通过加大煤柱尺寸来改善深部矿井巷道的维护条件效果并不理想，并且会造成煤炭资源的极大损失。留煤柱护巷在实践中较普遍的是留宽度较小的煤柱。在深部开采条件下，若护巷煤柱的宽度为10～20m，巷道将位于支承压力峰值附近，甚至恰恰位于支承压力峰值处（图3-1中巷道位置2）。由于煤柱上作用的支承压力向底板岩层中传播，在煤柱下方的底板岩层中形成应力升高区，应力成倍增大，因此，留煤柱对底板岩巷或下部煤层巷道的维护极为不利。例如，国内某矿在进入深部开采后仍然采用留煤柱的方式"保护"采区石门，结果受上部煤层开采在煤柱上形成的支承压力的影响，在其服务期间不得不多次翻修，这说明，留煤柱对巷道维护的消极作用在一部分现场还没有被充分地认识到。

无煤柱护巷的实质是将巷道布置在应力降低区或使巷道处于低应力区，避免开采形成的数倍于原岩应力的支承压力的影响，这对深部矿井巷道维护较为有利。因

此，无煤柱护巷应作为深部矿井巷道矿压控制的一条基本原则。这是由深部开采岩层压力大，因而应把降低巷道所处位置的应力放在首位的特殊要求决定的。

四、巷道围岩破裂区原则

它的内涵是，在深部开采条件下，支护不可能改变巷道围岩的破裂状态，因此应允许围岩出现破裂区，即应允许支架工作在巷道围岩特性曲线的破裂点之后。这是由深部矿井巷道的围岩状态特点决定的。在深部开采条件下：

（1）现有支护不可能提供足以阻止巷道围岩破裂的支护阻力；

（2）支护无法在巷道围岩破裂前施加影响，因为掘巷（炮掘爆破）时围岩已开始破裂。因此，与中、浅部开采不同，对于煤系地层、深部开采的巷道围岩破裂是必然的，应该并且只能允许围岩破裂。

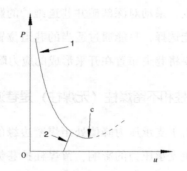

图 3-2　围岩与支架相互作用关系

1—围岩特性曲线；2—支架特性曲线；c—围岩破裂点

按照现有的巷道支护理论（图 3-2），巷道支架的工作点应在围岩破裂点之前（这在开采深度不大且围岩强度不是太低时是可能的）。并且认为，当支架工作点位于围岩破裂点之后时，支架将承受较大的压力。有必要指出，这只是一种推测，所以曲线后半段在有关文献中常常以虚线的形式出现。支架受力大小是支架与巷道围岩相互作用的结果，固然与围岩状态有关，但它决定于巷道将产生多大的变形、支护前巷道已经产生的变形量大小和支架的力学性能（增阻特性）。围岩破裂后支架是否受到比围岩破裂压力（图 3-2 中曲线 1 上 c 点对应的压力）更大的载荷作用，取决于由于破裂增加的巷道变形量作用于巷道支架产生多大的变形压力。此外，围岩破裂将使变形能得以释放，在破裂范围不大（在岩体弹性模量不太小的情况下破裂区厚度为 1.5~2m）的条件下释放的压力有可能大于由于围岩破裂而增加的变形压力，结果使支架承受比围岩破裂压力更小的载荷作用。

计算与分析表明，在深部开采条件下，只有在岩体极限强度和残余强度较大，而应变软化系数较小，从而破裂压力较小而支护刚度较大的情况下，围岩破裂才有可能使支架承受比破裂压力更大的载荷作用。通常，在破裂范围不是很大（破裂区厚度一般为1.5~2m）的情况下，围岩破裂有利于减小支架的载荷。特别是在开采深度较大或围岩强度较低的条件下。然而，必须强调指出，允许围岩出现破裂区并不意味着允许围岩无限制地破裂，相反，应将围岩破裂控制在一定范围内。从图3-2可见，围岩破裂范围过大将导致支架承受巨大的载荷，结果将使支架变形和破坏。

　　围岩破裂将使巷道围岩稳定性降低，破裂范围越大，巷道围岩稳定性越差，但破裂并不意味着围岩失稳。围岩破裂意味着围岩处于残余强度状态，但仍然具有一定承载能力。侧压力越大，残余强度越大，破裂围岩的承载能力也越大。因此，远离巷道周边，在破裂区与塑性区交界处，破裂围岩可以达到很高的承载能力。而围岩失稳（如冒顶）属于力的平衡问题，它取决于岩层重力与周围岩体的摩擦力和支架阻力等是否处于平衡状态。

　　综上所述，应允许深部矿井巷道围岩破裂，但必须将破裂控制在一定范围内。允许围岩破裂有利于充分利用围岩的自承能力，减小支架载荷。

五、先柔后刚，二次支护这一原则是由深部矿井巷道的变形特点所决定

　　深部矿井巷道刚掘进时，围岩破裂发展很快，巷道变形速度大，压力大，来压快；以后变形速度逐渐减小并趋于稳定，保持较低的变形速度而处于长期蠕变状态，直至受到采动影响。为了适应深部矿井巷道的上述变形特点，应采用先柔后刚的二次支护方式。

　　一次支护应允许巷道围岩变形，具有一定"柔性"，以释放大的变形压力，充分利用围岩的自承能力。但仅仅具有"柔性"还并不是理想的一次支护方式，因为不利于控制围岩破裂的扩展。理想的一次支护方式应是既能适应掘巷初期巷道变形速度大的特点，又能加固巷道围岩，尽早控制围岩破裂的扩展。从这种意义上说，以加固围岩为主的锚喷（网）支护是比以被动支护为特征的（可缩性）支架更理想的一次支护方式。

　　二次支护应能适应围岩破裂区形成后巷道长期缓慢变形的特点，具有较大的刚性，以保证破裂区围岩的稳定性。此外，无论是从深部矿井巷道变形量大、还是变形速度大出发，都要求支架（护）必须具有足够大的可缩量。因此，不仅普通料石碹、木支架、混凝土支架和普通金属支架等刚性支架，而且可缩量小的可缩性金属支架也不适应深部巷道变形量大的特点。我国有的深部开采的矿井曾试图用双层甚

至多层料石碹"抵抗"深部矿井巷道的变形压力，其效果并不理想。

六、巷道支护的主要形式

巷道支护的主要形式如下：

可缩性金属支架；锚杆支护；锚索支护；锚杆喷射混凝土支护（简称"锚喷支护"）；

锚杆、金属网支护（简称"锚网支护"）；

锚杆、金属网、喷射混凝土支护（简称"锚喷网支护"）；

锚杆、金属网、钢架、喷射混凝土支护（简称"锚网喷架支护"）；

锚杆、喷射混凝土和锚索联合支护（简称"锚喷索支护"）；

锚杆、金属网和锚索联合支护（简称"锚网索支护"）；

锚杆、梁、金属网联合支护（简称"锚梁网支护"）；

锚杆、金属网和可锚性金属支架联合支护（简称"锚网架支护"）；

锚杆、金属网和桁架支护（简称"锚网桁支护"）；

锚、梁、网、喷、注浆联合支护；

锚、网、喷、碹联合支护等。

（1）开拓巷道支护

矿井的斜井、大巷、硐室、石门等工程，多属永久性工程，服务年限长，又称为开拓巷道，因此对此巷道的支护要首先考虑以下3个主要因素：①巷道布置层位；②回采时动压作用影响；③支护形式。

对于巷道的开拓布置，避开人为的巷道破坏是非常重要的。巷道的布置选在稳定和较稳定的岩层中。在开采过程中，为巷道免受围岩二次变形的破坏，最好在巷道掘进之前或掘进后就先采出位于巷道之上的一个煤层或一个亚阶段，使巷道在卸压区域中开掘和使用，其后开采其他区段对它不再有较大的影响，周围的岩层也相应地保持了稳定。巷道支护形式，在稳定或较稳定的围岩中，以锚网喷结构形式支护最为理想。在不稳定和极不稳定的岩层中，单靠一种支护形式难以取得满意效果，因此可因地制宜地采取不同形式进行加固或联合支护。

（2）采区准备巷道支护

采区上山（下山）巷道多数采用煤、半煤岩掘进，一部分也可布置在煤层的底板，但其影响支护的关键是无煤柱开采，多回收煤柱而带来的动压破坏变形，这种情况在近距离煤层开采中尤为突出。因此，作为上山（下山）在巷道断面与支护上，考虑首要采用拱形断面为宜，并留有一定的可缩系数，以保证巷道的使用断面，支护上采用锚、网、喷支护，在上部回采工作跨采之前对上山（下山）巷道采用锚梁、U形棚可缩支架、锚索等强全螺纹全锚锚杆进行加固。当矩形断面跨度超过3m时，在锚、背、网的基础上，则必须再加外部支架进行支护，特别是上山（下山）片口更应如此，防止岩梁受拉断裂冒顶。通过上述支护措施，便可达到巷道维护，不丢失煤柱资源和安全使用的目的。

（3）采区工作面巷道支护

采区工作面受回采工作面采动压力作用破坏变形最为严重，它的支护好坏直接影响着生产和安全。解决这一问题，煤柱护巷已不能从根本上解决深部开采条件下的支护问题，轨运合一，采后留巷，也很难对采空区边缘的巷道支护好。因此，以沿空擦边送巷，取消保护煤柱，将对巷道支护起到巨大作用。在支护上采用组合式锚杆支护，即巷道以金属网、W钢带背实，沿巷道两肩窝和底角配备加长锚杆和异形托盘进行锚固，顶板再每隔一排锚杆间距打二排锚索加固。对于厚煤层开采的中下分层支护，因顶板处于假顶状态，故两帮除锚、背、网外，还需要另增设框式可缩性支架。

（4）回采工作面切眼支护

回采工作面除综采切眼外，断面较小，而且停放时间短，比较容易控制，一般的支护采用锚、带、网与增设单体支柱挂顶梁联合支护即可。但在综采工作面切眼支护上难度较大，它受断面、支护的安装综采支架和原支护支架的回收影响，如没有针对性措施，将难以保证安全。所以，对综采切眼的支护应按照下列方法进行：

①采用锚、带、网、支联合支护，一次成巷，避免分次支护，巷道断面扩刷时造成冒顶事故，特别是对复合顶板，给二次扩帮支设支架带来不安全因素。

②使用锚杆、金属网、W钢带要紧跟掘进工作面，避免复合顶板离层现象，尤其是安装综采设备回收框式支架后，锚、带、网将给安装工作带来安全保证。

③框式支架的两根立柱，必须具备可缩性和初撑力，安装时先支后回来调整两立柱之间的距离，便于综采支架安装。

总之，降低应力、加固围岩和在此基础上采用符合围岩变形规律的支护形式是深部矿井巷道维护的基本方法。

第二节　可缩性金属支架

一、U型钢拱形可缩性支架

U型钢拱形可缩性支架，结构比较简单，承载能力大，可缩性较好，是U型钢可缩性支架中使用最广泛的一种。可分为：①半圆拱可缩性支架；②三心拱直腿可缩性支架；③三心拱曲腿可缩性支架。

U型钢拱形可缩性支架的优点是：①支架受力均匀，特别是对非均匀载荷，不稳定围岩和动压巷道有良好的适应性；②由于支架铰接处弯矩较小，从而使支架承载能力提高了2~3倍；③支架的可缩性较好，支护效果好。

U型钢拱形可缩性支架的缺点是：①在煤层开采厚度较小的情况下掘进巷道时，不利于保持巷道顶板的完整性和稳定性，在工作面与巷道连接处比较难以安装；②在非机械化掘进条件下，拱形巷道断面施工也比较困难。

二、梯形可缩性支架

梯形可缩性金属支架一般采用矿用工字钢制作的，它是一梁二柱结构。顶梁用矿用工字钢制造，与刚性梯形支架的顶梁一样不能收缩让压。柱腿由带可缩性柱头的两节U型钢组成。该支架只对顶压有可缩性，梁柱接口长度150mm，柱腿扎角为80°（或自行调整）。

梯形可缩性支架在我国巷道金属支架系列中采用两种矿用工字钢（11号、12号）和两种U型钢（25U、29U）。矿用工字钢可缩性支架的力学性能是垂直可缩、承载能力小。它适用于围岩较稳定，顶压较大，侧压较小，多用于巷道断面小于18m²的炮采工作面的两巷及综采工作面回风平巷。梯形可缩性金属支架的特点：掘进施工简便，断面利用率高，有利于保持顶板完整性，巷道与工作面连接处支护作业简单，但支架承载能力较小。因此梯形支架通常适用于开采深度不大、断面较小、压力不太大的巷道，也可用在围岩变形较大的巷道中。

三、环形可缩性支架

环形可缩性支架又称封闭形可缩性支架，支架各节连接形成一个环形。封闭形支架与拱形、梯形支架的不同之处在于其底部是封闭的，其优点是：由于支架本身是一个闭合体，其承载能力较拱形、梯形支架有较大的提高，支架变形损坏小；由于支架底部封闭，对巷道底鼓有良好的控制作用，对巷道两帮也有较强的控制能力。环形可缩性支架缺点是：结构复杂、钢材消耗多、成本高。通常只在围岩松软、采深大，压力大、底鼓严重、两帮移近量很大的巷道使用。

环形可缩性支架的主要类型有马蹄形、圆形、方环形、长环形等。

四、可缩性金属支架的选择

拱形支架在我国使用广泛，特别是在巷道围岩变形量和压力较大的情况下，使用拱形支架更有其优越性。环形可缩性金属支架的承载能力大，能有效地控制巷道底鼓和两帮移近，适宜在围岩压力大，特别是两帮压力大、底鼓严重的巷道中使用。当侧压和底鼓不甚严重、巷道压力和围岩变形亦不太大（一般顶底、两帮移近量小于 600~800mm），并且巷道断面面积小于 10m² 时，可使用梯形可缩性金属支架。

U 型钢可缩性金属支架，我国煤矿已有许多架型，但在理论上比较成熟，现场使用效果较好的主要有 8 种，它们是：梯形可缩性支架、半圆拱可缩性支架、三心拱直腿可缩性支架、三心拱曲腿可缩性支架、多铰摩擦可缩性支架、马蹄形可缩性支架、圆形可缩性支架、方（长）环形可缩性支架，现将部分支架的力学特性及其适用条件列于表 3-1 中。

U 型钢可缩性金属支架力学特性及其适用条件　　　　表 3-1

支架架型	主要力学特性	适用条件
梯形可缩性支架	垂直、侧向均可缩，承载能力较小	围岩较稳定，顶压较大，侧压较小，变形量中等（$K = 10\% \sim 25\%$），净断面小于 10m² 的巷道（K 为巷道移近量）
半圆拱可缩性支架	承载能力较大，特别是在均压时	适用于回采巷道和集中皮带机道连通的石门。围岩压力较大，较均匀或有一定的侧压，$K = 10\% \sim 35\%$ 的巷道
三心拱直腿可缩性支架	承载能力较大，特别是在顶压大时	适用于回采巷道和集中皮带机道连通的石门，围岩压力较大，特别是顶压较大，$K = 10\% \sim 35\%$ 的巷道
三心拱曲腿可缩性支架	承载能力较大，具有一定抗侧压能力	适用于回采巷道和集中皮带机道连通的石门，围岩压力较大，压力较均匀，顶压、侧压均较大，$K = 10\% \sim 35\%$ 的巷道
多铰摩擦可缩性支架	承载能力大，能适应各方向来压	围岩压力大，且不均匀或为动压，$K = 10\% \sim 35\%$ 的巷道
马蹄形可缩性支架	承载能力大，抗底鼓和两帮移近的能力大，特别是在均压时	围岩松软，移近量较大，底鼓和两帮移近较严重，压力较均匀，$K = 30\% \sim 35\%$ 的巷道
方（长）环形可缩性支架	承载能力大，抗底鼓和两帮移近的能力大，特别是在肩压大，压力不匀时	围岩松软，移近量较大，底鼓和两帮移近较严重，压力不太均匀，$K = 30\% \sim 35\%$ 的巷道

第三节　锚杆支护原理及设计方法

一、锚杆支护原理

锚杆的悬吊作用是用锚杆将软弱的危岩、伪顶或直接顶悬挂于上方坚固的稳定岩层之中，如图3-3所示。该理论直观简单，在不稳定岩层厚度容易确定的条件下应用较为方便。锚杆长度按式（3-1）确定。不稳定地层厚度根据地质调查或冒落拱高度确定，当其数值较难确定或厚度过大时，支护参数不易确定，此时悬吊理论的应用遇到困难。

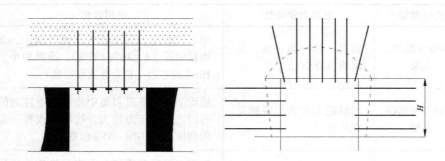

图3-3　锚杆支护悬吊理论

$$L = L_1 + L_2 + KH \tag{3-1}$$

式中　　L——锚杆长度；

　　　　H——软弱岩层厚度或冒落拱高度；

　　　　K——安全系数，一般 $K = 2$；

　　　　L_1——锚杆锚入稳定岩层的深度，一般可按经验取 0.3m；

　　　　L_2——锚杆在巷道中外露的长度。

层状顶板中，较薄的顶板岩层容易发生离层开裂破坏，锚杆支护的组合梁作用是通过锚杆的锚固力把数层薄的岩层组合起来，增大了岩层间的摩擦力，同时锚杆本身也提供一定的抗剪力，阻止岩层层间的相对移动，从而形成类似锚钉加固的组合梁。组合梁中全部锚固层共同变形，提高了顶板岩层整体的抗弯能力，从而大大减少岩层的变形和弯张应力，其工作原理如图3-4和图3-5所示。这种观点形象地阐述了锚杆作用机理，在浅部工程中具有一定的指导意义，只适应于浅部层状顶板。深部工程中，围岩应力及变形量大，顶板岩层连续性遭受破坏，从而失去传递拉应力和弯矩的能力，层状顶板失去"梁"的应力及变形特征，组合梁观点不再适用。

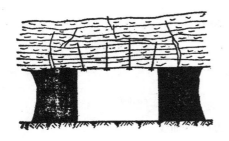

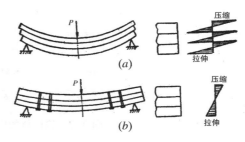

图 3-4　锚杆支护的组合梁原理图　　　图 3-5　板梁组合前后的挠曲应力对比

关于锚杆对围岩的支护原理，首先是从悬吊概念开始认识的。即认为锚杆的作用仅在于把围岩表面的松脱岩石"悬吊"在深部稳定岩体上。但后来一系列的事实说明这种概念并不能全面反映客观情况，锚杆不一定非要深深锚入稳固岩体中才能起到支护作用。所以就产生了"压缩拱"作用理论。该理论认为，在锚杆锚固力作用下，每根锚杆周围形成一个两头带圆锥的简状压缩区。各锚杆所形成的压缩区彼此联成一个有一定厚度的均匀压缩带，该带具有较大的承载能力。如果是拱形或圆形巷道，把锚杆以适当的间距沿拱形系统安装，就会在巷道周围形成连续的均匀压缩带，并起到拱的作用（图 3-6）。

锚杆的长度与间距，决定了连续均匀压缩拱能否形成及形成后的厚薄。加固拱的厚度可按式（3-2）确定。由于均匀压缩拱内的径向及切向均受压，故这部分围岩强度得到了很大提高，其承载能力也相应增大。

$$b' = l - \frac{a'}{\tan\alpha} \tag{3-2}$$

式中　　　b'——加固拱厚度；

　　　　a'——锚杆间距；

　　　　l——锚杆长度；

　　　　α——锚固体与锚杆的夹角，一般取 45°。

另外锚杆支护还可对破裂围岩起加固作用。巷道开挖后，围岩发生破裂，在打入锚杆后，一方面可以阻止围岩裂隙的过度发展，另一方面锚杆将破裂围岩锚固起来，使其强度大大提高。国内有些专家在用水泥砂浆试块模拟有、无锚杆和金属网约束的岩体进行

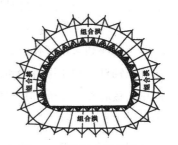

图 3-6　锚杆支护的均匀
压缩拱

试验时，发现锚固体具有"双峰"性质的应力-应变特性曲线，如图3-7所示。

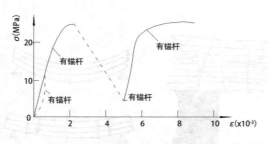

图3-7　锚固体的应力-应变曲线

图3-7中左侧第一个"峰"是普通岩石所普遍具有的特性，当它已经破裂而处于残余强度时再加载，则发现无锚杆的岩块发生彻底碎裂破坏，而有锚网的试块仍能继续承载，出现应力-应变第二个"驼峰"。这充分说明锚网对破碎岩体有强有力的支护作用。

二、锚固支护设计方法

井下巷道（特别是回采巷道）的突出特点就是承受采动支承压力，围岩破碎、变形量大。煤矿井下巷道锚杆支护设计，首先要对巷道所要经受采动影响过程及影响程度进行准确的评估，对巷道使用要求和设计目标要予以准确定位。

工程设计之前，对围岩的地质条件、岩体强度、松动圈、采动影响程度、矿压显现规律等因素要进行深入的调查分析，必要时对原岩应力的大小和方向进行测试，为支护设计提供可靠的基础数据资料，这是取得良好设计效果的重要保证。

目前，我国煤巷锚杆支护参数设计，主要采用工程类比法和理论计算方法，工程类比法占较大比重。理论计算方法往往用来检验工程类比法的可靠性程度。

工程类比法，是在现有理论基础上，参照已有大量工程实践的经验参数，通过工程相似条件下的类比，直接确定新开工程支护参数的一种方法。理论计算方法是在测得岩体和支护材料力学参数前提下，根据围岩力学特征建立数学模型，然后利用相应锚杆支护作用机理和相关支护理论确定锚杆支护参数的方法。工程类比法的应用，核心在于评价新开工程与以往成功工程的相似与差别之处，工程的类似性体现在以下几个方面：

（1）岩层的强度与工程地质条件岩层强度是影响围岩稳定性最主要的因素，它不仅是指岩块的强度，更主要的是包含节理因素的岩体强度、岩石的遇水软化膨胀性等。岩层的地质赋存状况、节理发育程度、水文地质条件等对岩体强度的影响很大，这些指标是否相当，对工程类比的可靠性影响很大。

（2）地应力是影响围岩稳定性的两个最重要的因素之一，相似模型试验证明，其影响仅次于岩体强度。大量实测表明，一些矿区水平主应力往往大于垂直主应力，在浅部、中深部硬岩工程中这一现象比较突出，具有一定的普遍性。如果单独根据巷道理论深度作为类比的条件，有时会产生比较大的失误。因此。在工程设计之前应首先对原岩应力特征进行调查评估，对于重要的工程，进行实测原岩应力大小与方向为好。

（3）采动影响事实上是围岩中应力升高的过程，巷道受采动影响的程度与巷道和工作面的空间关系有关，对此要综合评价。

（4）巷道特征与使用条件。巷道特征包括跨度、断面形状、巷道轴向等，跨度与断面形状的不同，支护结构稳定性、围岩破坏变形规律不同，类比时要加以区分。原岩应力的测试结果表明，水平主应力有最大和最小两个分量，二者数值相差1~2倍，因此，巷道方向的不同，支护效果也会具有明显的方向性差异。

巷道使用条件包括服务年限、使用要求、采动影响程度等因素。在相似同类巷道类推，能够消除如断面形状、采动等因素的影响，使支护参数更趋于合理。

第四节　锚喷支护

一、锚喷支护方法

锚喷支护是指联合使用锚杆和喷混凝土或喷浆的支护。这类支护的特点是，通过加固围岩、提高围岩自撑能力来达到维护的目的。深部矿井巷道锚喷支护能加固围岩，提高围岩强度，减小破裂区厚度。这就是深部矿井巷道锚喷支护机理，它是由深部矿井巷道开挖后围岩普遍处于破裂状态，而破裂区的形成要经历较长的时间过程和锚杆的作用。

喷射混凝土，是将混凝土的混合料以高速喷射到巷道围岩表面而形成的支架结构。其支护作用主要体现在：

（1）加固作用。巷道掘进后及时喷上混凝土，封闭围岩暴露面。防止风化；在有张开型裂隙的围岩中，喷射混凝土充填到裂隙中起到粘结作用，从而提高了裂隙性围岩的程度。

（2）改善围岩应力状态。由于喷射混凝土层与围岩全面紧密接触，缓解了围岩凸凹表面的应力集中程度；围岩与喷层形成协调的力学系统，围岩表面由支护前的双向应力状态，转为三向应力状态，提高了围岩的稳定程度。

二、锚喷支护特点

锚喷支护能大量节约原材料，且简单、易行、易机械化施工，施工速度快，其主要特点有：

（1）支护及时迅速，在松软岩层或松散破碎的岩层中，能较好地提供支护抗力，有效地防止围岩松动、失稳。

（2）保证支护结构与围岩相互作用，共同承载，改善载荷分布，防止围岩松动、恶化。

（3）锚喷支护可以增加支护结构的柔性和抗力，有利于控制围岩的变形和压力。

（4）锚喷支护可以及时封闭围岩，有利于防水，防风化，也可以填塞裂缝，从而减小应力集中，增强岩体强度。

第五节　锚索支护

一、锚索支护方法

锚索支护是指在巷道围岩钻孔中安设锚索，并为锚索预加拉力的一种支护方法。预应力锚索，施工简便，可以和多种支护措施相结合，如锚索支护、锚索梁支护、锚索金属网支护、锚索金属网喷浆支护等，其工期短、费用低，尤其对破损巷道加固，比其他方法更安全可靠，简便快捷。近年来锚索支护迅速发展，在隧道施工以及矿山井巷支护已经得到广泛应用。在英国、澳大利亚，锚索支护的应用已十分普遍，我国的矿山井巷工程中，围岩较差的巷道，大硐室、交叉点、开切眼、停采线附近等地方都成功地使用了锚索支护技术，并取得了很好的经济效益。

在顶板岩石比较松软时，单一的锚杆往往不能有效地支护，容易造成锚杆的整体垮落，带来严重的后果。而锚索具有锚固深度大、承载能力高、可施加较大的预紧力等特点，如果在锚杆支护的同时配以少量的锚索，就可以将锚固体悬吊于稳定坚硬的老顶上，避免出现离层及巷道顶板整体下沉或垮落。因此，在软岩巷道中应用锚索支护，对于确保安全生产具有重大意义。由此可见，锚索支护在软岩巷道中具有更大的发展前途。

二、锚索支护作用机理

锚索支护的作用机理是：单体锚索是通过固定在岩体内的内锚头和锁定的外锚

头对锚索施加预应力，锚索产生拉张弹性变形。当围岩有变形时，锚索的预拉力通过内、外锚头以压力方式作用在围岩上，平衡围岩的变形力，来维护巷道的稳定。在煤矿巷道，锚杆、锚索大多是配合使用。当锚杆、锚索及时支护之后，形成锚杆、预应力锚索的加固群体。这样，相邻的锚杆、锚索的作用力相互叠加，组合成一个"承载层"（承载拱），这个新的承载层厚度比单用锚杆成倍增加，能使围岩发挥出更大的承载作用，如图3-8所示。

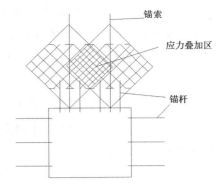

图3-8　锚索锚杆群联合加固作用原理

三、锚索支护特点

在煤矿巷道支护工程中采用预应力锚索，有如下六个特点：

（1）锚索的锚固深度大，承载能力强，支护效果好。

（2）锚索的补强作用，在复合顶板、大断面硐室、交岔点处的支护中更明显，尤其在顶板来压大，层理发育的采准巷道中使用效果更佳。此种支护适用范围非常广。

（3）支护材料重量轻，体积小，工人劳动强度低。

（4）锚索支护可大大减少巷道维修量，节约维护费用。

（5）从安全生产角度及有利于顶板维护等方面来看，经济上合理，技术上可行，具有较好的推广价值。

（6）锚索施工工艺灵活简单，操作方便，安全可靠，可提高掘进速度。

第六节　锚网支护

一、锚网支护对围岩稳定作用

金属网的主要作用：

（1）能够有效控制锚杆之间非锚固岩层的变形，托住挤入巷道的岩石，防止碎裂岩体垮落。

（2）将锚杆之间非锚固岩层载荷传递给锚杆。

（3）金属网托住已碎裂的岩石，虽然巷道周边围岩已破裂，由于碎石的碎胀作用和传递力的媒介作用，使巷道深部岩体仍保持三向应力状态，大大提高岩体的残余强度。总之，锚网支护能及时加固与阻止围岩风化，改善围岩应力状态，提高了喷层的整体性，改善了抗拉性能，有效地阻止围岩位移。

二、锚网支护的优点

（1）锚网支护技术先进，解决了压力大、无法支护的难题。

（2）在木材紧缺，钢材、木材大幅涨价，煤矿资金紧张的情况下，锚网支护及时地解决了这个问题。

（3）减轻了职工的劳动强度，减少了辅助运输环节，减少了采煤的回撤工作量，节省了人力物力。

（4）减少了支护对通风的阻力，减少了瓦斯积聚。

（5）减少了空顶，减少了顶板浮煤堆积，减少了巷道的发火。

（6）减少了巷道维修量。

（7）减少了巷道的物料堆积，有利于生产整洁。

第四章

矿井支护科学设计体系及理论基础

第一节　支护理念与设计思路

一、"一区一策、一面一策、一巷一策"，因巷制宜，个性化分类科学设计

由于煤矿地质条件多变，目前我国很多矿井支护常常是凭经验或简单类比或相互套用来进行巷道支护设计，具有很大的盲目性，在实际生产应用中，巷道支护参数的确定基本处于工程类比阶段，尚不能针对具体条件设计合理支护参数，一个矿井不同巷道或同一巷道不同地段支护参数基本一致，甚至千篇一律，缺乏科学性和针对性，有些巷道维护效果不佳，有些巷道支护参数又偏于保守，制约着矿井安全高效水平的提高。在保证巷道支护效果和安全程度，技术上可行、施工上可操作的条件下，做到经济合理，为实现"安全可靠、经济合理"的支护设计，需因巷制宜，分类设计，选择针对性的最优化支护方案和支护参数，实现"一区一策、一面一策、一巷一策"。

二、"支护理论、支护技术、支护装备、施工管理"四位一体

复杂条件的巷道支护涉及的研究领域广，目前是国际难题，解决复杂条件的巷道支护难题是一项庞大的、极其复杂的系统工程，必须依靠科技进步，采用先进的理论、技术和装备，同时要加强管理，确保巷道施工质量，施工质量的不可靠，可能导致支护效果的削弱、支护的失败甚至发生冒顶事故。

三、巷道布置优化、支护设计科学、支护质量可靠和围岩变形动态监测到位四轮驱动，全过程控制巷道围岩稳定

为了保证巷道稳定性的总体效果最佳，在分析研究各种巷道围岩控制理论与技术的基础上，应采用全过程控制巷道围岩稳定，坚持巷道布置优化、支护设计科学、支护质量可靠和围岩变形动态监测到位四轮驱动，即应当从设计巷道布置时选择巷道合理位置和巷道保护措施开始，再合理地选择巷道支护的形式和参数，与此同时，确保巷道支护质量和进行围岩变形动态监测，使巷道围岩控制逐步由经验判断和定性评估向定量分析和科学管理转化。通过施工过程中的现场监测、信息反馈，不断修正支护设计和调整支护参数，以改善施工质量，保证施工安全及工程质量，从而真正实现巷道稳定性定量控制，使煤矿巷道围岩控制技术在现有基础上达到一个新的水平。

四、先测试巷道围岩地质力学参数，再进行支护参数设计

巷道围岩是一个极其复杂的地质体，与其他工程材料相比，它具有两大特点：其一是岩体内部含有各种各样的不连续面，如节理、裂隙等，这些不连续面的存在显著改变了岩体的强度特征和变形特征，致使岩块与岩体的强度相差悬殊；其二是岩体含有内应力，地应力场的大小和方向都显著影响着围岩的变形和破坏。因此，一切与围岩有关的工作，如巷道布置、巷道支护设计，特别是巷道锚杆支护设计，都离不开对围岩地质力学特征的充分了解。

以往对巷道围岩结构调查和力学参数研究不够深入，选择的支护形式和参数不合理，这是导致巷道失稳破坏、支护失败的主要原因之一。我国煤矿地质条件复杂，各条巷道的条件差异较大，应高度重视巷道围岩地质力学参数测试，巷道围岩地质力学参数，包括地应力、围岩强度和结构是巷道支护设计的重要基础参数，是保证巷道支护合理、有效、可靠、安全的前提条件。今后，应该把巷道围岩地质力学测试放在十分重要的位置，并把它列为巷道支护技术必不可少的工作，坚持"先测试巷道围岩地质力学参数，再进行支护参数设计"。

五、"采用综合控制手段，支卸结合，主被动支护结合，主动支护为主，被动支护为辅"，条件复杂巷道需探索综合控制手段

巷道的围岩变形量取决于巷道埋藏深度和围岩性质，处于强烈原岩应力作用下的岩体，储存有巨大的弹性能，采掘活动改变了原先的应力状态，一旦解除原岩体中作用的应力，岩体在恢复变形过程中，就会释放出变形能对外做功，顶板下沉，底板鼓起就是其现象之一。卸压支护是采用人工的方法改变巷道围岩应力分布特征，使巷道周边形成的应力峰值向远离巷道周边的围岩深部转移，可减少两帮位移和底鼓量。

条件复杂的巷道采用单一支护形式往往不能满足支护要求，需采用主被动支护结合的复合支护方式，在主动支护基础上再进行被动支护能取得较好效果。

按巷道的支护形式及效果一般可分为三类：①各种支架、砌碹等被动支护；②以各种锚杆（索）支护为主的改善巷道岩体力学性能的主动支护；③从基本上改变岩体结构及力学性能的以锚注加固为主的主动加固。

锚杆支护能调动围岩的自承载能力，是巷道一次支护的首选支护方式。巷道锚杆支护的实质是锚杆和锚固区域的岩体相互作用而组成锚固体，形成统一的承载结构；巷道锚杆支护可以提高锚固体的力学参数，包括锚固体破坏前和破坏后

的力学参数（E、C、φ），改善被锚固岩体的力学性能；巷道围岩存在破碎区、塑性区、弹性区，锚杆锚固区域内岩体的峰值强度或峰后强度、残余强度均能得到强化；巷道锚杆支护可改变围岩的应力状态、增加围压，从而提高围岩的承载能力、改善巷道的支护状况；巷道围岩锚固体强度提高以后，可减小巷道周围破碎区、塑性区的范围和巷道的表面位移，控制围岩破碎区、塑性区的发展，从而有利于保持巷道围岩的稳定。锚索支护是补强支护，它是将围岩应力移至深部的有效手段，并实现与锚杆支护的耦合，是巷道支护技术发展的主流之一，科学设计锚杆（索）支护参数并选择好其他支护形式组合，是巷道围岩治理的重要技术手段。

六、大断面、高强度、帮顶同治、一步到位不返修、综合成本低

依靠支护手段完全控制巷道围岩变形，几乎不可能，尤其是围岩条件复杂和经受多次采动影响的巷道，为此，需要增加巷道的断面，预留较大的变形量，允许其断面发生一定的收缩。控制复杂条件巷道围岩大变形的关键是必须给围岩提供足够的支护强度，否则，巷道围岩将始终处于高速变形运动状态，以致支护物被彻底压垮破坏。增加支护强度，可以大大减少围岩变形，锚杆支护发展趋势是采用"三高一低"原则。即高强度、高刚度、高可靠性与低支护密度原则。在提高锚杆强度与刚度，保证支护系统可靠性的条件下，降低支护密度，减少单位面积上锚杆数量，提高掘进速度。条件复杂的巷道采用一般支护形式是难以奏效，需采用分步补强（二次支护）、围岩结构强化、支护结构优化的联合支护方式。

总之，巷道支护应尽量一步到位支护，这样才能有效控制围岩变形，避免巷道一次或多次返修，降低巷道支护综合成本。

第二节　科学设计体系

如图 4-1 所示，首先对矿井各主要煤岩层进行地质力学评估和巷道变形破坏调研，收集巷道样本数据→数据处理→计算并建立巷道整体分类的聚类中心和次类别的判别指标，对煤矿各巷道进行围岩稳定性的整体分类和次分类，确定每一分类合理支护方式，将待设计巷道进行分类研究，确定其所属类别和次分类，进而确定其支护方式，支护参数初始设计，现场监测并评价支护方案合理性，如果支护效果不好，则修改设计直到确定最终支护方案。

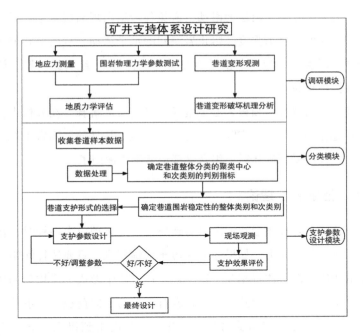

图 4-1　支护科学设计体系框图

第三节　巷道支护理论

常用的锚杆支护理论有：悬吊理论、组合梁理论、组合拱（压缩拱）理论、最大水平应力理论等。这些理论都是以一定的假说为基础，各自从不同的角度、不同的条件阐述了锚杆支护的作用机理。由于其力学模型简单，计算方法简明易懂，因此得到了很多技术和施工人员的认可。

一、悬吊理论

悬吊理论认为锚杆支护的作用就是将巷道顶板较软弱岩层悬吊在上部稳定岩层上，或者是在巷道周围塑性区（或松动圈）外的稳定岩体里，以达到控制较软弱岩层，维护巷道稳定性的目的。悬吊理论直观地揭示了锚杆的悬吊作用，在分析过程中不考虑围岩的自承载能力，而且将被锚固体与原岩分开，与实际情况有一定差距。

二、组合梁理论

如果巷道顶板岩层中存在若干分层，顶板锚杆一方面是依靠锚杆的锚固力增加各层间的摩擦力，防止岩层沿层面滑动，避免各岩层出现离层现象；另一方面，锚杆杆体可增加岩层间的抗剪强度，阻止岩层间的水平错动，从而将巷道顶板锚固范围内的几个薄岩层锁紧成为一个较厚的岩层（组合梁）。组合梁越厚，梁内的最大应力、应变及挠度也越小。

组合梁理论是对锚杆将顶板岩层锁紧成较厚岩层的解释。在分析中，将锚杆作用与围岩的自稳作用分开，与实际情况有一定差距，并且随着围岩条件的变化，在顶板较破碎、连续性受到破坏时，组合梁理论就不再适用了。

三、组合拱（压缩拱）理论

组合拱理论认为：在拱形巷道围岩的破裂区中安装预应力锚杆时，在杆体两端将形成圆锥形分布的压应力，如果巷道周边布置锚杆群，只要锚杆间距足够小，各个锚杆形成的压应力圆锥体将相互交错，就能在岩体中形成一个均匀的压缩带，即承压拱，这个承压拱可以承受其上部破碎岩石施加的径向荷载。在承压拱内的岩石径向及切向均受压，处于三向受力状态，其围岩强度得到提高，支撑能力也相应加大。

组合拱理论在一定程度上揭示了锚杆支护的作用机理，但在分析过程中没有深入考虑围岩与支护的相互作用，只是将各支护结构的最大支护力简单相加，缺乏对被加固岩体本身力学行为的进一步分析探讨。

四、最大水平应力理论

最大水平应力理论认为：深部矿井岩层的水平应力通常大于垂直应力，水平应力具有明显的方向性，最大水平应力一般为最小水平应力的 1.5~2.5 倍。巷道顶底板的稳定性主要受水平应力的影响。

在最大水平应力作用下，顶底板岩层易于发生剪切破坏，出现错动与松动而膨胀造成围岩变形，锚杆作用即是约束其沿轴向膨胀和垂直于轴向的剪切错动，因此要求锚杆必须具有强度大、刚度大、抗剪阻力大的能力，才能起到约束围岩变形的作用。

最大水平应力理论主要论述了巷道围岩水平应力对巷道稳定性的影响以及锚杆支护所起的作用。随着高预应力锚杆的应用，水平应力对巷道的稳定性不再是一种完全有害的因素，它在特定条件下有助于减少顶板的下沉。由于受到煤层赋存条件和开拓方式的影响，巷道布置很难与最大水平应力方向平行，且在巷道开拓以前，很难准确判定某点最大水平应力的大小和方向。

五、围岩强度强化理论

锚杆支护的围岩强度强化理论认为：在围岩巷道中系统地布置锚杆后，可以提高围岩的整体强度，形成承载结构，改善围岩的应力状态，减少巷道表面的位移，控制围岩破碎区和塑性区的发展，从而保持巷道围岩的稳定性。

围岩强度强化理论主要论述了锚杆对提高围岩峰值后强度和残余强度的作用，比较客观地揭示了锚杆在支护破碎围岩中的作用。虽然围岩强度强化理论比较全面地反映了锚杆支护的作用机理，但由于其影响因素较多，可操作性差，应用不方便。

六、锚固平衡拱支护理论

锚固平衡拱支护理论认为，巷道支护的承载结构不能简单地认为是锚杆或是顶板岩体，而应该是锚杆及其支护岩体的结合体，即"锚岩支护体"。锚岩支护体在未达到塑性破坏之前保持岩梁的结构，而在锚岩支护体整体进入破坏状态后，由于其在水平方向受约束，破坏了的顶板岩体在锚杆的作用下相互挤压，形成以巷道两帮为基础的维持自身平衡的压力拱，即"锚固平衡拱"。由于巷道顶板的承载结构成为拱结构而使顶板岩体的承载能力大幅度提高。

七、围岩松动圈支护理论

董方庭教授等通过大量现场观测巷道支护作用与围岩破裂区，塑性区生成的时间先后关系，发现现行巷道支护一不可能及时、二不可能密贴，只有静待围岩产生足够变形之后才能提供支护阻力，以此为基础提出了"围岩松动圈支护理论"，该理论认为松动圈是围岩硐室开挖后固有的特性，松动圈的大小可以探测，根据松动圈直径大小采用不同的支护方式。其理论要点如下：

（1）巷道开挖以后应力重新分布，巷道周围一定范围的围岩由于所受应力超过其强度而发生破坏，围岩破坏区范围一般构成环形状，称之为松动圈。

（2）围岩松动圈大小主要决定于地应力和岩石强度的大小，而受开挖尺寸、支护影响不大。同一围岩巷道中，岩石巷道中，岩石应力越大，松动圈也越大。同一地应力条件下，岩石强度越低，松动圈越大。

（3）围岩松动圈形成时间短的需要3~7天，长的需要1~3个月。

（4）松动圈发展过程中的岩石碎胀变形和碎胀力是巷道载荷的主要部分，是支护的对象。

（5）按照松动圈大小，巷道围岩可以划分为六类：即稳定、较稳定、一般稳定、一般不稳定、不稳定和极不稳定。

松动圈理论以其简单、直观等优点，在开拓巷道中取得了比较广泛的应用。

八、深部动压巷道的加大预应力的锚网索支护理论

锚网索联合支护技术结合了锚网支护与锚索支护的技术优点，通过锚网支护与围岩在刚度、结构上的耦合，充分发挥了锚网的支护能力以及围岩的自承能力；同时，利用预应力锚索在关键部位进行加强支护，将浅部不稳定岩层锚固在深部稳定岩层中，充分调动巷道深部围岩的强度，实现了支护体与围岩在强度上的耦合，从而达到了对高应力巷道围岩稳定性控制的目的。因此，锚网索耦合支护技术目前在深部高应力巷道支护中得到越来越广泛的应用。

九、锚网索耦合支护原理

（1）锚杆与岩体的相互作用机理

在不同阶段，锚杆与岩体的相互作用机理有所不同。在早期阶段，由于巷道顶板破坏范围较小，此时锚杆的主要作用是控制顶板的下部岩体的错动和离层失稳的发生；在中期阶段，岩层产生了一定的变形，由于岩石的流变效应，随着时间的推移，岩石强度不断降低，当锚杆深入稳定岩层时，其悬吊作用处于主要地位，同时由于锚杆的径向和切向约束，阻止破坏区岩层扩容、离层及错动；在后期阶段，围岩变形加大，锚杆受力增大，设计合理情况下，只要锚杆不产生破坏，围岩的稳定层仍在锚杆的控制范围内，仍可起悬吊作用，若稳定层上移，使锚杆完全处于破坏岩层内，则锚杆和破坏岩体仍可形成承载圈，具有一定的承载能力。

（2）锚杆与围岩耦合作用分析

传统的组合拱设计观点认为，巷道围岩打入锚杆后所形成的组合拱厚度与锚杆的间距、排距、锚杆对岩体的控制角 α 有关，一般 α 取 $45°$，根据数值模拟研究结果，α 的取值及锚杆调动岩体的范围应根据锚杆围岩的耦合程度来确定。

（3）锚网围岩耦合支护原理

锚网和围岩的耦合作用十分重要，过强或过弱的锚网支护，都会引起局部应力集中而造成巷道破坏。只有当锚网和围岩强度、刚度达到耦合时，变形才能相互协调。达到耦合的标志是围岩应力集中区在协调变形过程中，向低应力区转移和扩散，从而达到最佳支护效果。

（4）锚索关键部位耦合支护原理

锚索关键部位耦合支护就是根据位移反分析原理，确定支护系统二次组合支护的最佳时间，在关键部位实施支护体和围岩的再次组合，最大限度地发挥围岩的承

载能力，从而使支护体的支护抗力降到最小。

十、关键部位耦合支护

研究表明，变形力学状态进入图 4-2 中 A 区时，支护体多产生鳞状剥落；变形力学状态进入 B 区时，伴随着片状剥落；进入 C 区后，将产生块状崩落和结构失稳。因此，判别最佳支护时间（段）就是鳞、片状剥落的高应力腐蚀现象出现的时间。

根据现场调查研究，张性、张扭性裂缝，宽度达到 1~3mm，即已进入 A 区和 B 区，即进入耦合支护的时间；巷道表面各点变形量达到设计余量的 60%，即进入耦合支护的时间。另外，现场具体施工中，可以根据位移-时间（U/t）曲线进行判定，具体方法如图 4-3 所示。通过对巷道表面位移的监测，可以判定巷道表面位移变化速率由快到趋于平缓的拐点 T_0 附近作为二次支护的最佳支护时间。

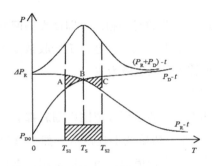

图 4-2 最佳支护时段的含义

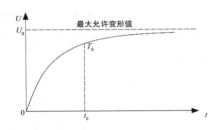

图 4-3 最佳支护时间的确定

十一、支护限制和稳定作用理论

（1）巷道支护"限制作用"与"稳定作用"概念

巷道支护的"限制作用"一般是指在围岩"三区"主要形成过程中发生的支护作用力；而支护的"稳定作用"通常是指在围岩"三区"主体基本形成之后发生的支护阻力，软岩巷道的第二次及第二次以后的支护一般应该属于"稳定作用"，一次支护在围岩一定变形后又产生的支护阻力新增量一般也应该属于"稳定作用"。

（2）巷道支护的限制与稳定作用原理

关于巷道支护的部分阻力参与围岩"三区"形成的"限制作用"与现行的弹塑性支护理论的结果是一致的，这里不再重复，而只着重讨论支护的"稳定作用"及其与"限制作用"的关系。

巷道支护的"限制作用"和"稳定作用"的实质是相对提高围岩的强度，使在支护范围内，即流动区、塑性区围岩的强度高于所受应力，满足围岩稳定条件。很明显，围岩达到稳定条件后，不管是流动区的碎胀变形，还是塑性区的蠕变变形也相应得到了控制。我们认为围岩变形只是表面现象，支护作用下围岩的强度与应力关系的改变才是实质之所在。

第四节　巷道围岩稳定性理论分析

巷道开挖引起的围岩力学形态变化是一个复杂的动态过程。由于采掘活动直接影响着开挖巷道位置处的原岩应力，同时也影响着开挖后巷道周围岩层内支承压力大小。因此，基于地应力分布的巷道围岩变形破坏特征分析是非常必要的。

一、巷道围岩变形特征

（1）围岩自稳时间短、来压快

巷道开挖后在没有支护的情况下，围岩产生冒落的时间很短，即使在锚网索支护的条件下，开挖后在短时间内的变形速度大，变形量剧增。巷道围岩收敛变形具体表现为顶底板移近、两帮内移，其中顶底板移近量以底鼓为主。

（2）围岩变形范围大、时间长、蠕变性显著

观测表明，在距巷道壁 3~4m 深处的深部基点，甚至更大范围内围岩都会发生明显位移，并不断向深部发展。巷道开挖后表现为初始变形速度大，然后逐渐衰减，但持续时间长，蠕变性显著。如不采取适当的支护措施，当变形量超过支护结构允许的变形量时，支护结构承载能力下降，围岩变形速度加剧，最终导致巷道结构失稳。

（3）巷道破坏具有明显的方向性

构造应力作用为主时，巷道轴线垂直于主应力方向，围岩破坏严重；平行于主应力方向，破坏最轻。若巷道所在岩层的倾角较大，巷道可能受沿倾斜方向应力的作用，其应力将在两个对角产生应力集中而另外两对角产生应力释放，易造成巷道的非对称变形破坏。

（4）围岩变形对应力扰动和环境变化敏感

当巷道受邻近开掘、水的侵蚀、支护失效、爆破震动以及采动影响时，都会引起巷道围岩变形的急剧增长。

二、巷道围岩变形分析

巷道围岩支护体的主要支护对象为塑性流动区和塑性软化区范围内的岩体。在

巷道掘进的短时间内，如何及时对巷道围岩实施支护、最大限度地发挥围岩的自承能力、防止松动破坏区的进一步扩展，已成为控制巷道稳定的关键因素。

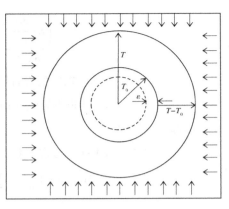

图 4-4　围岩应力分布

为此，必须把巷道围岩失稳机理、围岩应力分布与围岩迅速变形现象作为一个整体来研究。为便于理论分析，假定均质围岩内开掘空间为圆形，如图 4-4 所示。在径向应力作用下，经过一定时间 ΔT 后，巷道围岩径向蠕变距离为 δ，则围岩的蠕变速度 V 与径向应力梯度成正比，即：

$$V = K(\delta_r - \delta_{r0})/(r - r_0) \tag{4-1}$$

式中　　δ_r——距巷道中心 r 处围岩径向应力；

δ_{r0}——巷道周边上围岩径向应力；

K——围岩蠕变系数。

为了降低围岩径向应力梯度，只能提高支护的承载能力，从而提高巷道周边围岩的径向应力 δ_{r0}。当巷道周边围岩应力增高到与深部岩层应力相等时，即 $\delta_r - \delta_{r0} = 0$，则 $V = 0$，可以有效地防止围岩蠕变。如果支护壁后受径向应力 δ_{r0} 挤压破坏的岩石挤入支护空间后，壁后则成为破碎岩体，高应力区会向围岩深部转移。应力差一定时，对应间距增大，对降低蠕变速度、提高支护材料的支护能力是有益的。

由于围岩蠕变速度大小和方向均不相同，可将式（4-1）改写为：

$$V_x = K \frac{\partial \delta_r}{\partial x} \qquad\qquad V_y = K \frac{\partial \delta_r}{\partial y} \tag{4-2}$$

由于巷道围岩性质不同，式（4-2）可改写为：

$$V_x = K_x \frac{\partial \delta_r}{\partial x} \qquad\qquad V_y = K_y \frac{\partial \delta_r}{\partial y} \tag{4-3}$$

如果把围岩蠕变现象看成黏性介质的缓慢流动，则围岩的移动应满足连续性方程：

$$\frac{\partial V_x}{\partial x} + \frac{\partial V_y}{\partial y} = 0 \tag{4-4}$$

将式（4-3）代入式（4-4），得：

$$\frac{\partial\left(K_x\dfrac{\partial\delta_r}{\partial x}\right)}{\partial x}+\frac{\partial\left(K_y\dfrac{\partial\delta_r}{\partial y}\right)}{\partial_y}=0 \qquad (4-5)$$

式中　　K_x，K_y——对应轴向的岩石蠕变系数。

　　式（4-5）可称为巷道围岩蠕变微分方程。该方程对巷道周边以外的一定范围 R 域内都是适用的。

　　显然，只要式（4-1）与式（4-5）成立，R 域内围岩边界条件为已知时，即：

$$\delta(x,y)\big|_{r_1,\,r_2}=\sum\delta_r(x,y)\big|_{(x,y)\,\in r_1,\,r_2} \qquad (4-6)$$

或

$$K_m\frac{\partial\delta}{\partial n}\Big|_{r_1}=\pm q(x,y)\big|_{(x,y)\,\in r_1} \qquad (4-7)$$

式中　　r_1，r_2——巷道围岩的内外边界；

　　　　$K_m\dfrac{\partial\delta}{\partial n}$——巷道周边单位长度蠕变量；

　　　　$\delta(x,y)$——巷道围岩 R 域边界上的应力分布函数；

　　　　$\delta_r(x,y)$——围岩在 R 域内的应力分布函数；

　　　　$q(x,y)$——巷道边界单位长度上围岩的蠕变量（在 r_1 上，规定 q 方向向巷道内蠕变为正，反之为负）。

　　从微分方程解法可知，若 R 域外边界上的岩石不移动，即 $K_m\dfrac{\partial\delta}{\partial n}=0$，而内边界上的应力分布函数为已知，或内边界上单位长度上的围岩蠕变量为已知，则方程的解是唯一的；反之，人为地控制、改变巷道围岩蠕变量，可调整支护载荷、变形大小及方向，从而达到防止支护系统变形、破坏的目的。

　　因此，"允许围岩蠕变地让压支护"不仅承载性能好，抗围岩变形能力强，而且能承受动压对支护材料及采准巷道带来的不良影响。

三、巷道围岩分区性

　　一般情况下，巷道开挖后，巷道周边围岩由三向应力状态变为二向应力状态，巷道径向应力降为零，并向围岩内部逐渐增大；而巷道周边切向应力达到最大值。如果巷道周边调整后的围岩应力≥围岩强度，围岩发生破坏，应力降低，最大主应力向围岩内部转移，直至达到新的三向应力平衡状态为止。在巷道开挖围岩应力调整过程中，巷道围岩将出现 3 个区，即破裂区（围岩松动圈）、塑性硬化区、弹性区（图 4-5）。

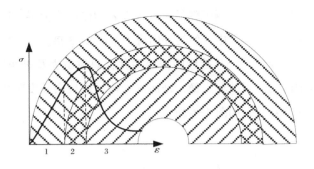

图 4-5　巷道围岩力学状态

1—弹性区；2—塑性硬化区（扩容）；3—破裂区（碎胀）

弹性区、塑性硬化区、破裂区的力学行为与岩石全应力-应变曲线中的相应段是对应的，其中巷道围岩弹性区、塑性硬化区对应于全应力-应变曲线峰前段弹性、塑性变形阶段、塑性变形阶段也是岩石扩容阶段；破裂区（围岩松动圈）对应于峰值后变形段，破裂区主要是由岩石的碎胀形成的。

四、巷道围岩稳定性机理

围岩的稳定性既取决于围岩体的强度和变形性质（统称力学性质），又取决于其所受的应力状态。围岩体由完整岩石骨架和结构面组成，由于煤系地层经受了几千万甚至数亿年的长期地质运动的高压作用，岩石骨架致密而坚硬，岩体强度和变形性质主要受结构面的控制。

在围岩力学性质中，某些不受应力状态影响，如"内聚力、内摩擦角"等，为固有属性；而另一些力学性质则受应力状态的影响，如"拉压强度、变形模量、泊松比"等，为非固有属性。控制围岩的稳定应从改善围岩力学性质和应力状态两方面入手。由于围岩体的非固有属性受应力状态影响，通过改善围岩应力状态能够达到改善围岩非固有属性的目的。

根据岩石力学试验研究成果，任何岩石在三向应力状态下的强度高于两向或单向应力状态下的强度；当岩石处于三向应力状态时，随着侧向压力（围压）的增大，其峰值强度和残余强度都会得到提高，并且峰值以后的应力-应变曲线由应变软化逐渐向应变硬化过渡，岩石由脆性向延性转化。岩体的强度与变形性质与应力状态之间也有着类似的关系。

巷道开挖前后围岩体由长期稳定状态转向非稳定状态正是由于围岩所受的应力状态发生显著改变的结果。巷道开挖前，尽管围岩受到很高的地应力作用，但处于高围压状态，因而抗压强度很高，远大于最大偏应力，所以围岩处于弹性状态。开挖卸荷导致一定范围内的围岩侧压降低，近表围岩的侧压降为零；同时，应力向巷道周向转移调整，引起应力集中，使得环向应力升高 2~3 倍。二次应力场形成过程中产生的偏应力必然导致围岩开挖后的快速劣化，裂隙由表及里快速萌生并扩展，很快导致一定范围内的围岩破坏失稳，进而进入峰后或残余强度阶段，超出围岩强度的应力继续向深部转移，如图 4-6 所示。

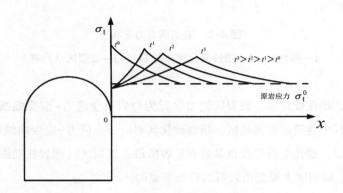

图 4-6　巷道开挖后围岩应力峰值向深部转移过程

围岩开挖前后应力状态的改变对围岩稳定性影响可以用图 4-7 来说明。

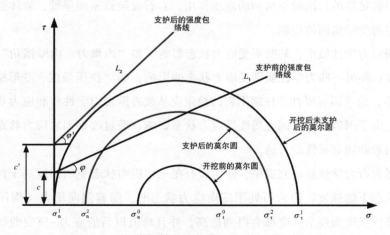

图 4-7　开挖支护前后围岩应力状态与强度的改变

开挖前巷道表面处的法向应力 σ_n^0 和周向应力 σ_t^0 相差不大，因此莫尔圆直径（$\sigma_t^0 - \sigma_n^0$）很小（此处假定 $\sigma_t^0 > \sigma_n^0$），此时，莫尔圆远离围岩的强度包络线 L_1，围岩处于稳定状态；开挖后巷道表面法向应力降为 $\sigma_n^1 = 0$，周向应力增大为 σ_t^1（≈ 2~

3 倍 σ_{t}^{0}），莫尔圆直径（$\sigma_{\mathrm{t}}^{1} - \sigma_{\mathrm{n}}^{1}$）大大增加，莫尔圆突破了围岩强度包络线 L_{1}，因而围岩破裂失稳。

因此，要维护巷道的稳定，首先必须在巷道开挖后尽快调整和改善围岩的应力状态，将巷道开挖后因二次应力场形成出现的近表围岩二向应力状态调整到三向应力状态，将法向应力调整到 σ_{n}^{2}（由于难以完全恢复 $\sigma_{\mathrm{n}}^{1} = 0 < \sigma_{\mathrm{n}}^{2} < \sigma_{\mathrm{n}}^{0}$）。

改善和调整应力状态的措施越及时，围岩破裂扩展的程度越轻，围岩的完整性保持得越好，变形越小，围岩越稳定；巷道自由面上的压应力恢复得越高，围岩强度越高，自承载能力越高，围岩越稳定。这就要求巷道开挖后必须立即支护，而且支护对围岩表面施加的应力必须达到足够的量值。

但就目前的技术水平和经济因素考虑，单纯依靠支护手段能够给围岩表面施加的应力 σ_{n}^{2}，与深部巷道原岩应力 σ_{n}^{0} 相比，其量值还是很小的（一般 $\sigma_{\mathrm{n}}^{2} < 1\mathrm{MPa}$），这时的莫尔圆直径（$\sigma_{\mathrm{t}}^{2} - \sigma_{\mathrm{n}}^{2}$）虽然比开挖未支护时的有所缩小，但由于围岩的固有强度并未提高，莫尔圆仍然超出围岩强度包络线，这样的侧压应力恢复量值远远达不到维护围岩稳定所需的水平。

因此，还必须另辟蹊径，即通过采取支护加固等手段改变围岩的固有属性。也就是说，除了改善围岩的应力状态外，还需通过支护加固手段提高围岩的固有强度（c、φ），增强围岩的自承载能力，这就是主动支护的理念。

由于围岩固有强度属于抗剪性质，这就要求支护加固体本身必须具备足够高的抗剪强度，而且由于围岩体的脆性，只要经历很小的剪切变形内聚力即失效。支护结构在具备足够高的抗剪强度的同时还必须具备足够的韧性，即变形能力，才能确保围岩体的固有强度得到显著提高。

由图 4-7 可以看出，通过主动支护增强围岩后，围岩的固有强度（c、φ）值得到提高（由支护加固前的 c、φ 提高到支护加固后的 c' 和 φ'），使得强度包络线上移，倾角增大，超出了由 σ_{n}^{2} 和 σ_{t}^{2} 组成的莫尔圆，所以围岩能够维持稳定。

五、巷道围岩主动控制机理

锚杆锚索受力如图 4-8 所示。目前国内锚网索一般都采用高强预紧力锚杆锚索进行支护，其锚杆安装预紧力达到了 50kN 左右，锚索安装预紧力达到了 80～120kN。因此，锚杆锚索从一开始就处于工作状态。在围岩高应力状态下，高强预紧力不足以保持巷道围岩的稳定，围岩将发生破坏。大松动圈在开巷后经一段时间才能形成，锚杆、锚索将经历其全过程。

当松动圈在 a-b 间发展时如图 4-8（a）所示，煤岩体不断膨胀，锚杆、锚索应力不断增大，达到 b 点时锚杆应力值最大如图 4-8（b）所示，在这个过程中，锚杆、锚索的作用是不使围岩产生有害碎胀变形。一旦松动圈超过 b 点如图 4-8（c）所示，锚杆的应力值将因锚杆锚固范围内的碎胀变形减小而逐渐趋于稳定，而锚索的应力值将因为锚杆锚固范围之外的碎胀变形而继续增加，也就是说，在 b-c 过程中，锚索起到了阻止围岩产生有害的碎胀变形，减少松动圈的范围。由于现在的锚索一般都达到了 6~10m，因此，松动圈一般都在锚索锚固范围之内。

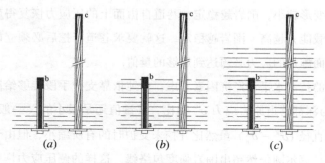

图 4-8　锚杆锚索受力图

因此，在松动圈发育过程中，尤其在松动圈超过锚杆锚固端的情况下，锚杆仅仅起到了对破裂围岩进行锚固的作用，提高其残余强度，从而在破裂围岩中形成一个具有一定强度和可塑性的"弱承载圈"结构体。"弱承载圈"外部范围为塑性硬化区和弹性区，并且锚索起主要加固作用的"强承载圈"结构体。

第五章

主采煤层巷道围岩稳定性分类

目前，煤矿巷道支护设计很大程度上依赖于工程技术人员的工程判断力和实践经验，具有很大的盲目性，导致有些巷道支护效果不佳，有些巷道支护设计参数偏于保守，制约着矿井高产高效水平的提高。科学地寻找支护参数设计在安全和经济两方面的最佳结合点，是巷道围岩稳定性分类的主要目的。据统计，相当一部分巷道失稳是由于基本的支护方案不合理造成的，究其原因是不准确的巷道围岩类别。因此，准确地把握巷道围岩稳定性分类是巷道支护设计的基础。

第一节　围岩分类方法

围岩分类法就是利用类似地质条件的一些资料对所开挖支护的巷道进行围岩条件预测，在可能条件下再利用本巷道内的地层资料进行修正，并进行围岩分类。在完成巷道围岩稳定性分类后，可以利用围岩稳定性分类进行巷道的支护形式选择和支护参数的初步设计。

根据目前国内外巷道围岩分类研究中所采用的方法可以分为：经验分类法、数值分类法、经验与数值相结合的分类法，分类的性质有：定性分类、定量分类及定量与定性相结合分类。不同的分类方法在各个国家的矿山和地下工程中得到不同程度的应用。根据围岩分类时所考虑的因素和采用的指标不同，可把巷道围岩稳定性分类大致归纳为六类：

（1）单因素岩性指标分类，这种分类方法是为了某种特定目的所采用的，反映岩石的某一方面的特性，用单一的岩性指标来判断受多种因素影响的巷道围岩稳定性是不完善的，如岩石的普氏系数 f。

（2）多因素定性与定量指标相结合的分类，这种分类方法抓住围岩稳定性的主要影响因素，如我国缓倾斜、倾斜煤层工作面顶板分类。

（3）多因素单一的综合指标分类，这种分类方法指标是单一的，但反映的因素却是综合的，其精度受到测试方法的技术水平和地质特征影响。

（4）多因素复合指标分类，这种分类方法认为岩体质量是多种因素的函数，根据各指标对分类的影响程度将其相加，或将其相乘而取得，并以此来进行分类。多因素复合指标分类能比较全面地反映巷道围岩的工程性质，但是参数的组合与岩体质量系数的计算方法较大程度地依赖于分类工作者的经验。如挪威学者提出的岩体质量 Q 分类。

（5）多因素聚类分析（硬聚类法），这种分类方法是将一批样本，按照它们在性质上亲疏远近的程度进行分类。描述样本之间的亲疏程度，通常采用两种方法，第一种方法把每个样本看成m维空间的一个点（设有m个样本），在点与点之间定义某种距离；第二种方法是用某种相似系数来描述样本与样本之间的关系。根据预先是否知道分成几类，聚类分析法可分为系统聚类法和动态聚类法两种。聚类分析法为多变量多因素指标的综合评定与分类提供了科学的手段。

（6）模糊聚类分析（软聚类法），由于岩体本身具有很强的模糊性，影响巷道围岩稳定性的各种指标也都具有相当大的模糊性。模糊聚类分析是通过建立模糊相似关系矩阵之后将客观事物进行分类，这种分类的特点是：模糊聚类的结论并不表征对象绝对地属于某一类，而是以清晰的值表征了对象在什么程度上相对地属于某一类，在什么程度上相对地属于另外一类。

第二节　回采巷道围岩稳定性分类

一、回采巷道整体分类

影响回采巷道围岩稳定性分类的因素很多，抓住主要影响因素，进行整体分类，然后结合巷道具体情况进行次分类，既能保证设计规范的实用性和可操作性，又不失全面性和科学性。

根据煤矿已有的实践，影响回采巷道围岩稳定性整体分类的主要因素有：采深H（m）、本区段采动影响指标N（直接顶除以煤层采高）、相邻区段采动影响指标X（护巷煤柱实际宽度）、围岩的完整性指数D（直接顶初次垮落步距）、煤层单轴抗压强度σ_m、巷道顶板岩石单轴抗压强度σ_d、巷道底板岩石单轴抗压强度σ_h。根据煤矿已有的典型回采巷道的各个分类指标进行数据分析、处理、聚类，根据分类结果确定各指标的聚类中心，建立煤矿回采巷道围岩稳定性分类指标聚类中心值，见表5-1。

1. 模糊聚类分析具体步骤如下

设$x=\{x_1, x_2, \cdots, x_m\}$为待分类的全体样本巷道，每条样本巷道围岩稳定性$x_i$（由$n$个指标描叙：$x_{i1}, x_{i2}, \cdots, x_{ij}, \cdots, x_{in}$。

（1）数据标准化

$$x'_{ij} = \frac{x_{ij} - \{x_{ij}\}_{min}}{\{x_{ij}\}_{max} - \{x_{ij}\}_{min}} \tag{5-1}$$

式中　　$\{x_{ij}\}_{min}$——表示第j个指标实测值中最小值；

$\{x_{ij}\}_{\max}$ ——表示第 j 个指标实测值中最大值。

（2）分类指标加权处理

标准化后的数据没有改变各指标对分类结果的影响，由于进行模糊聚类分析时，每个指标有主次之分，为了区分各个指标对分类结果的不同影响程度，需要对每个指标进行加权处理。加权处理就是在各指标标准化后的数据 x'_{ij} 上乘以相应的权值 a_j（$j = 1，2，\cdots，n$）。分类指标权值的确定通常有：专家估测法、指标值法、层次分析法、多元线性回归分析法等。

（3）数据标定

标定出样本巷道间的相似程度 r_{ij}，常用的方法有：欧氏距离法、数量积法、相关系数法、夹角余弦法等。例如，欧氏距离法的标定公式为：

$$r_{ij} = \sqrt{\frac{1}{n}\sum_{k=1}^{m} a_k^2 \cdot (x'_{ik} - x'_{jk})^2} \tag{5-2}$$

式中　　x'_{ik} ——表示第 i 条样本巷道的第 k 个处理后的指标；

　　　　x'_{jk} ——表示第 j 条样本巷道的第 k 个处理后的指标。

（4）模糊聚类

经过数据标定后得到 $0 \leqslant r_{ij} \leqslant 1$，$i$、$j = 1，2，\cdots，m$，于是确定模糊相似矩阵 $\underset{\sim}{R} = (r_{ij})_{m \times m}$。根据 $\underset{\sim}{R}$，采用 $X \in [0，1]$ 水平截集进行分类，并计算出各类的聚类中心（表5-1）。

某煤矿回采巷道围岩稳定性分类指标聚类中心值　　　表 5-1

巷道整体分类	稳定性类型	H(m)	N	X	σ_m(MPa)	σ_d(MPa)	σ_h(MPa)	D(m)
Ⅰ	非常稳定	260	0.03	0	25	95	60	24.5
Ⅱ	稳定	300	2.35	0.105	18	50	35	14.9
Ⅲ	中等稳定	380	3.10	0.365	12	30	12	10.3
Ⅳ	不稳定	340	2.65	0.576	16	45	30	11.9
Ⅴ	极不稳定	410	3.19	0.765	11	25	11	9.7

2. 回采巷道模糊综合评判分类结果

（1）构造单项指标的隶属函数

回采巷道围岩稳定性状态共分为 5 类，分类指标数为 5，X_i 表示第 i 分类指标取巷道聚类中心值的集合，论域 X_i 上模糊子集 C'_{ij} 完全由它的隶属函数 $\mu = \mu_{C'_{ij}}(x_i)$ 所确定，其中 $x_i \in X_i$ 为某类别巷道第 i 指标的聚类中心值，隶属函数 $\mu_{C'_{ij}}(x_i)$ 中的 $x_i \in X_i$ 应当满足：

①当 $x_i = a_{ij}$ 时，$\mu_{C'_{ij}}(x_i) = 1$，其中 a_{ij} 为第 j 级巷道第 i 分类指标的聚类中值。显然，第 j 级标准巷道应 100% 属于第 j 级；

②当 x_i 远离 a_{ij} 时，隶属函数值应变小。隶属函数种类很多，如正态型、戒上型、戒下型和降半型等。根据巷道各分类指标的分布特征，本书采用如下的正态型分布：

$$\mu_{C'_{ij}}(x_i) = e^{-(\frac{x_i - a_{ij}}{\sigma_i})^2} \quad \begin{array}{l} i = 1,\ 2,\ \cdots,\ 5 \\ j = 1,\ 2,\ \cdots,\ 5 \end{array} \qquad (5-3)$$

式中　　σ_i——取各级聚类中心值的第 i 指标的标准差。

（2）计算模糊关系矩阵

利用上述单项指标隶属函数，计算回采巷道的隶属函数值，并进行归一化，便得到巷道的模糊关系矩阵 R。

（3）确定权重矩阵 A

分类指标权值的确定通常有：专家估测法、指标值法、层次分析法、多元线性回归分析法等。

（4）模糊综合评判

模糊综合评判的结果是由权重矩阵 A 和实例巷道模糊关系矩阵 R 的复合运算得到的。

$$B = R \circ A^{\mathrm{T}} \qquad (5-4)$$

其中 $B = (b_j)_{1 \times 5}$，"$\circ$"表示 A^{T} 与 R 的合成运算符，这里采用 $b_j = \overset{5}{\underset{i=1}{\vee}}(r_{ji} \cdot a_i)$，（评判模型，其中 $\vee$ 表示取大运算符。

二、回采巷道围岩次分类

根据煤矿主采煤层的特点，确定影响回采巷道加强支护形式与支护效果的几个重要单项指标：

（1）顶板 8m 范围内岩层赋存状况，是否存在伪顶，是否存在薄层泥岩或煤线等软弱夹层，对巷道的基本支护的可靠性影响较大，决定了巷道的加强支护方式。

（2）巷道围岩的岩性和顶板水的相互影响，顶板是否有明显的淋水现象，且围岩被水侵蚀后有无明显弱化现象或巷道支护失稳现象。

（3）按煤层顶板赋存状况分类。

顶板 8m 范围内岩性的赋存状况是选择加强支护的关键因素，可分为 4 类：

1 类顶板（非常稳定顶板）：顶板岩性一般为致密砂岩、石灰岩、节理裂隙极少，层理不发育，层厚一般超过 3.0m，节理间距一般超过 3m，没有伪顶，煤线等软弱岩层。直接顶平均初次垮落步距一般在 28~50m。

2 类顶板（稳定顶板）：顶板岩性一般为粉砂岩、砂岩、砂质页岩或砂质泥岩，节理裂隙较少，层厚一般在 1~2m，节理间距在 1~3m，顶板有诱发冒顶的裂隙，一般没有煤线。直接顶平均初次垮落步距一般在 18~28m。

3 类顶板（中等稳定顶板）：顶板岩性一般砂质页岩、砂质泥岩，有煤线或薄层泥岩等软弱夹层，节理裂隙不发育，层厚一般在 0.3~1m，节理间距一般在 0.4~1m。直接顶平均初次垮落步距一般在 8~18m。

4 类顶板（不稳定顶板）：顶板岩性一般为泥岩、泥页岩、碳质泥岩，节理裂隙发育或松散，常有煤线或薄层泥岩等软弱夹层，层厚一般在 0.1~0.3m，节理间距一般在 0.1~0.4m。直接顶平均初次垮落步距一般在 0~8m。

（4）按顶板水对巷道围岩作用程度分类。

顶板水的作用程度决定巷道围岩承载能力和变形量的关键因素，可分为 3 类：

1 类无顶板水作用的巷道：顶板无水源作用于巷道，巷道围岩不会受到水的侵蚀。

2 类有顶板水作用的巷道：顶板有水源作用于巷道，但顶板岩性遇水后不会发生明显的物理化学反应，力学性质降低不明显。

3 类有顶板水作用的巷道：顶板为膨胀性，易风化和风化泥岩，遇水发生明显的物理化学反应，导致力学性质急剧下降。

结合回采巷道围岩稳定性整体分类，考虑煤层顶板赋存状况和顶板水对巷道围岩作用程度，得到回采巷道围岩稳定性分类标准，见表 5-2。

煤矿回采巷道围岩稳定性分类标准 表 5-2

巷道整体分类	巷道次分类		巷道围岩稳定性分类
	煤层顶板赋存状况	顶板水作用程度	
I	1	1	I11
		2	I12
		3	I13
	2	1	I21
		2	I22
		3	I23
	3	1	I31
		2	I32
		3	I33
	4	1	I41
		2	I42
		3	I43
II	1	1	II11
		2	II12
		3	II13
	2	1	II21
		2	II22
		3	II23
	3	1	II31
		2	II32
		3	II33
	4	1	II41
		2	II42
		3	II43
III	1	1	III11
		2	III12
		3	III13
	2	1	III21
		2	III22
		3	III23
	3	1	III31
		2	III32
		3	III33
	4	1	III41
		2	III42
		3	III43

巷道整体分类	巷道次分类		巷道围岩稳定性分类
	煤层顶板赋存状况	顶板水作用程度	
IV	1	1	IV11
		2	IV12
		3	IV13
	2	1	IV21
		2	IV22
		3	IV23
	3	1	IV31
		2	IV32
		3	IV33
	4	1	IV41
		2	IV42
		3	IV43
V	1	1	V11
		2	V12
		3	V13
	2	1	V21
		2	V22
		3	V23
	3	1	V31
		2	V32
		3	V33
	4	1	V41
		2	V42
		3	V43

根据预测巷道的围岩稳定性整体分类,推荐回采巷道基本支护形式与主要支护参数,见表5-3。

根据回采巷道围岩稳定性整体分类,选择巷道基本支护形式,然后结合回采巷道围岩结构次分类,选择加强支护方式,见表5-4。

回采巷道锚杆支护参数推荐表 表5-3

巷道整体分类	稳定性类型	基本支护形式	主要支护参数
I	非常稳定	单体锚杆	锚杆直径≥16mm; 锚杆长度1.6~1.8m; 间距、排距1.0~1.2m

巷道整体分类	稳定性类型	基本支护形式	主要支护参数
Ⅱ	稳定	锚杆+W 钢带+网	锚杆直径≥18mm； 锚杆长度 1.8~2.0m； 间距、排距 0.9~1.0m
Ⅲ	中等稳定	锚杆+W 钢带+网+锚索	锚杆直径≥20mm； 锚杆长度 2.0~2.2m； 间距、排距 0.6~0.9m
Ⅳ	不稳定	锚杆+W 钢带+网+锚索 或 锚杆+桁架+网+锚索	锚杆直径≥22mm； 锚杆长度 2.2~2.4m； 间距、排距 0.6~0.8m
Ⅴ	极不稳定	锚杆+W 钢带+网+锚索+金属可缩性支架 +壁后充填； 底鼓严重的巷道：锚杆+环形金属可缩性 支架或底板注浆+锚杆	锚杆直径≥24mm； 锚杆长度 2.2~2.6m； 间距、排距 0.6~0.8m

回采巷道加强支护方式   表 5-4

围岩情况描述	加强支护措施
节理、裂隙较为发育的不稳定顶板	巷道支护必须及时，防止围岩过度变形，巷道掘进时采用超前锚杆支护。工作面回采时，加大超前支护范围；同时采用压力注浆，将松散体固结，提高内聚力，增大围岩强度
顶板较为完整，但岩体强度较低的不稳定顶板	充分释放其变形能的基础上，利用围岩本身强度，适时支护。可采用可缩性金属支架加强支护。同时加大支护密度和增加锚索长度
顶板为膨胀性，易风化的岩石	加强支护的首要任务是防水、治水。利用注浆封闭围岩裂隙，同时喷浆，将潮湿空气与围岩隔离开来。由于围岩容易吸水膨胀，产生较大的变形，因此，必须采用支护阻力较大的可缩性金属支架
有地下水影响	如果围岩为遇水易膨胀的岩石，必须注浆和喷浆；如果顶板岩性遇水后不会发生明显的物理化学反应，可采用套金属棚支护

第三节 开拓准备巷道围岩稳定性分类

准备巷道的围岩包括三个部分：顶板、底板、两帮，这三个部分岩性可能相差很大，稳定性状况也各有不同。根据现场的许多实践表明，任何一条巷道的变形和破坏都是先从稳定性程度较弱的一部分开始破坏并扩展，最终导致巷道整体性破坏。研究准备巷道围岩稳定性首先研究巷道的顶板、底板和两帮各个部分围岩稳定性，然后综合考虑整条巷道的稳定性状况。把准备巷道的采动应力与巷道结构综合强度的比值作为准备巷道各部分结构稳定性分类指标。

（1）准备巷道的采动应力计算

准备巷道所处位置的采动应力主要取决于巷道轴向与工作面的相对关系，巷道上部煤层采动影响，巷道距离上部煤层的法向距离和巷道距离上部煤柱边缘之间的水平距离等因素，因此可以由式（5-5）表示：

$$\sigma = f(\gamma,\ H,\ B,\ X,\ Z,\ k,\ \alpha) \tag{5-5}$$

式中　　γ——上覆岩层密度；

　　　　H——巷道埋深；

　　　　B——煤柱宽度；

　　　　α——煤层倾角；

　　　　X——巷道到上部煤柱边缘之间的水平距离；

　　　　Z——巷道距离煤层的法向距离；

　　　　k——上部煤层采动应力集中系数。

准备巷道所处位置的采动应力分布可以简化为采动引起的煤层底板垂直应力分布。由弹性理论可知，集中力 P 作用下的半无限平面体的基础内的垂直应力为：

$$\sigma = \frac{2P}{\pi} \cdot \frac{z^3}{(x^2 + z^2)^2} \tag{5-6}$$

采动引起的煤层底板垂直应力计算时可以简化为几种分布载荷的叠加。

①一侧采空引起的煤层底板垂直应力

一侧采空引起的煤层底板垂直应力分布计算图，如图 5-1 所示。

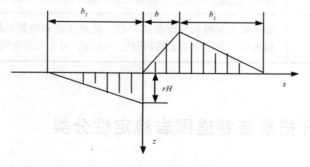

图 5-1　一侧采空的巷道煤层底板垂直应力计算图

巷道的采动应力计算可以采用如下公式：

$$\sigma = -\int_{-b_2}^{0} \frac{2\gamma H}{\pi b_2} \cdot \frac{z^3(b_2+\xi)}{[(x-\xi)^2+z^2]^2} d\xi + \int_{0}^{b} \frac{2(k-1)\gamma H}{\pi b} \cdot \frac{z^3\xi}{[(x-\xi)^2+z^2]^2} d\xi$$

$$+ \int_{b}^{b+b_1} \frac{2(k-1)\gamma H}{\pi b_1} \cdot \frac{z^3(b+b_1-\xi)}{[(x-\xi)^2+z^2]^2} d\xi$$

$$(5-7)$$

式中　　b——支承压力峰值距煤壁的距离；

　　　　b_1——支承压力峰值点距煤壁前方原岩应力区的距离；

　　　　b_2——采空区后方应力恢复区距煤壁的距离；

　　　　k——最大应力集中系数。

参照煤矿实测资料，一般 $b_1 = 8b$，$b_2 = 4b$。

②两侧采空引起的煤层底板垂直应力

两侧采空的煤柱下煤层底板的垂直应力，因为煤柱大小不同，煤层底板应力分布分为两种情况讨论，如图 5-2 所示。

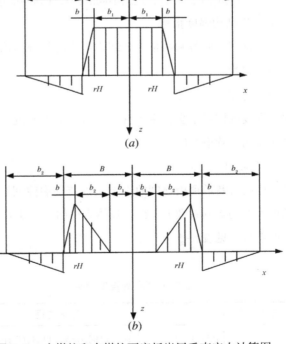

图 5-2　小煤柱和大煤柱下底板岩层垂直应力计算图

（a）小煤柱下底板岩层垂直应力计算图；（b）大煤柱下底板岩层垂直应力计算图

小煤柱（宽度<50m）引起的准备巷道的采动应力：

$$\sigma = -\int_{-b_2-B}^{-B} \frac{2\gamma H}{\pi b_2} \cdot \frac{z^3(b_2+B+\xi)}{[(x-\xi)^2+z^2]^2} d\xi + \int_{-B}^{-(B-b)} \frac{2(k-1)\gamma H}{\pi b} \cdot \frac{z^3(B+\xi)}{[(x-\xi)^2+z^2]^2} d\xi$$

$$+ \int_{-b_1}^{b_1} \frac{2(k-1)\gamma H}{\pi} \cdot \frac{z^3}{[(x-\xi)^2+z^2]^2} d\xi + \int_{B-b}^{B} \frac{2(k-1)\gamma H}{\pi b} \cdot \frac{z^3(B-\xi)}{[(x-\xi)^2+z^2]^2} d\xi$$

$$- \int_{B}^{B+b_2} \frac{2\gamma H}{\pi b_2} \cdot \frac{z^3(b_2+B-\xi)}{[(x-\xi)^2+z^2]^2} d\xi$$

$$(5-8)$$

大煤柱（宽度≥50m）引起的底板岩层垂直应力：

$$\sigma = -\int_{-b_2-B}^{-B} \frac{2\gamma H}{\pi b_2} \cdot \frac{z^3(b_2+B+\xi)}{[(x-\xi)^2+z^2]^2} d\xi + \int_{-B}^{-(B-b)} \frac{2(k-1)\gamma H}{\pi b} \cdot \frac{z^3(B+\xi)}{[(x-\xi)^2+z^2]^2} d\xi$$

$$+ \int_{-(B-b)}^{-b_1} \frac{2(k-1)\gamma H}{\pi b_2} \cdot \frac{z^3(-b_1-\xi)}{[(x-\xi)^2+z^2]^2} d\xi + \int_{b_1}^{B-b} \frac{2(k-1)\gamma H}{\pi b_2} \cdot \frac{z^3(\xi-b_1)}{[(x-\xi)^2+z^2]^2} d\xi$$

$$+ \int_{B-b}^{B} \frac{2(k-1)\gamma H}{\pi b} \cdot \frac{z^3(B-\xi)}{[(x-\xi)^2+z^2]^2} d\xi - \int_{B}^{B+b_2} \frac{2\gamma H}{\pi b_2} \cdot \frac{z^3(b_2+B-\xi)}{[(x-\xi)^2+z^2]^2} d\xi$$

$$(5-9)$$

根据准备巷道与工作面的不同位置，选用不同的公式计算准备巷道的采动应力。

（2）准备巷道围岩结构强度指标

准备巷道看作是顶板、底板和两帮3个结构组成的复合结构体，其稳定程度取决于这3个部分的稳定状态。

①顶板综合强度指标

影响巷道顶板强度的因素很多，主要有顶板岩层的单向抗压强度、弱面和结构面、地下水的软化作用，巷道宽度等。

a. 弱面和结构面影响

确定弱面及结构面对巷道顶板强度的影响是以节理裂隙间距 I、分层厚度 h 为指标计算巷道顶板强度的影响系数 C_1、C_2，具体步骤如下：使 $C_1 \cdot C_2$ 的乘积基本上等于岩体的完整性系数，见表5-5。

岩体节理发育程度分类   表5-5

发育程度等级	完整性系数	基本特征
节理不发育	>0.75	节理1~2组，规则，为构造型，间距在1m以上多为密闭节理。岩体切割成巨块状，裂隙少

发育程度等级	完整性系数	基本特征
节理较发育	0.45~0.75	节理 2~3 组，较规则，以构造型为主，多数间距大于 0.4m，部分有充填物，岩体切割成大块状
节理发育	0.15~0.45	节理 3 组以上，不规则，以构造型或风化型为主，多数间距小于 0.4m，部分有充填物，岩体切割成小块状
节理很发育	<0.15	节理 3 组以上，杂乱，以风化和构造为主，多数间距小于 0.2m，一般均有充填物，岩体切割成碎块状

节理裂隙不发育、分层厚度大时，$I = 1.2\text{m}$，$h = 1.2\text{m}$，$C_1 \cdot C_2 = 0.80$；节理较发育，分层厚度较大时，$I = 0.75\text{m}$，$h = 0.75\text{m}$，$C_1 \cdot C_2 = 0.55$；节理发育，分层厚度较小时，$I = 0.40\text{m}$，$h = 0.40\text{m}$，$C_1 \cdot C_2 = 0.40$；节理很发育，分层厚度很小时，$I = 0.20\text{m}$，$h = 0.20\text{m}$，$C_1 \cdot C_2 = 0.30$；根据 C_1、C_2 分别与 I、h 呈线性关系的特点，得到 C_1 与 C_2 的关系式为：

$$C_1 = 0.46459 + 0.36492 I$$
$$C_2 = 0.49545 + 0.33007 h \tag{5-10}$$

b. 地下水影响

地下水对相当数量的岩石有软化、泥化、膨胀等作用，对节理发育的岩体，水使破碎岩块的摩擦力减少，从而导致岩石强度降低。水对岩石强度的修正系数取 C_3：

$$C_3 = \frac{1 - \eta}{D_e - D_n}(D - D_n) \tag{5-11}$$

式中　　D_e——岩石的饱和含水率；

　　　　D_n——岩石的自然含水率；

　　　　D——岩石的实际含水率；

　　　　η——岩石的软化系数。

常见沉积岩的软化系数见表 5-6。

常见沉积岩的软化系数　　　　　　　　　　　　表 5-6

岩石名称	软化系数	岩石名称	软化系数
黏土岩	0.08~0.87	砂岩	0.44~0.97
泥质砂岩、粉砂岩	0.21~0.75	石灰岩	0.58~0.94
泥岩	0.40~0.60	泥灰岩	0.44~0.54
页岩	0.24~0.74	石英砂岩	0.50~0.96

c. 巷道宽度影响

巷道宽度是影响巷道顶板稳定性的主要因素之一，巷道宽度越大，顶底板移近量就会增大。巷道宽度影响系数 C_4 采用式（5-12）计算：

$$C_4 = 0.3022a^{0.9285} \tag{5-12}$$

式中　　a——巷道宽度。

d. 顶板岩层的强度影响

顶板岩层的强度，采用顶板 8m 范围内各个岩层的单轴抗压强度的综合平均值。大量的实践经验表明，距离巷道表面的岩层对巷道稳定性的影响越大（图5-3）。顶板岩层的强度采用式（5-13）计算：

$$\sigma_c = \sum_{i=1}^{n} \frac{A_i}{A} \cdot \sigma_{ci} \tag{5-13}$$

式中　　A——巷道顶板上部三角形区域面积；

　　　　A_i——第 i 分层区域面积；

　　　　σ_{ci}——第 i 分层的单轴抗压强度。

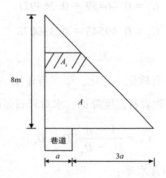

图 5-3　顶板岩层的强度计算图

综上所述，顶板综合强度指标采用式（5-14）计算：

$$\sigma_0 = C_1 \cdot C_2 \cdot C_3 \cdot C_4 \cdot \sigma_c \tag{5-14}$$

e. 底板综合强度指标

影响底板综合强度的因素很多，其中影响最大的是底板岩层强度和地下水作用。

底板岩层的强度计算，采用底板 6m 范围内各个岩层的单轴抗压强度的综合平均值(图5-4)。底板岩层的强度采用式（5-15）计算。

$$\sigma_c = \sum_{i=1}^{n} \frac{A_i}{A} \cdot \sigma_{ci} \tag{5-15}$$

地下水的影响采用地下水对岩石强度的修正系数 C_3 计算，因而，底板综合强度指标采用式（5-16）计算：

$$\sigma_d = C_3 \cdot \sigma_c \qquad (5-16)$$

②两帮综合强度指标

准备巷道两帮综合强度指标主要由各分层厚度和强度决定，取各分层强度的综合平均值计算，即：

$$\sigma_s = \sum_{i=1}^{n} \frac{h_i}{h} \sigma_{ci} \qquad (5-17)$$

式中　　h_i——第 i 分层的厚度；

　　　　h——巷道的高度；

　　　　σ_{ci}——第 i 分层的单轴抗压强度。

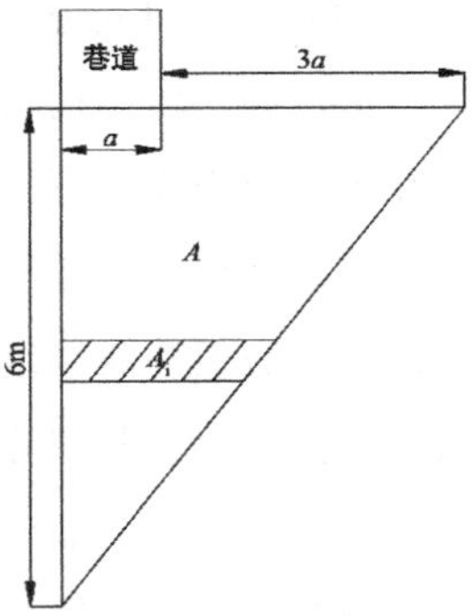

（3）准备巷道围岩稳定性整体分类指标

准备巷道的采动应力 σ 与巷道各个部分的综合强度 σ_0、σ_d、σ_s 的比值为：

$$S_1 = \frac{\sigma}{\sigma_0}, \ S_2 = \frac{\sigma}{\sigma_d}, \ S_3 = \frac{\sigma}{\sigma_s} \qquad (5-18)$$

准备巷道围岩稳定性分类指标为：

$$S = \alpha_1 \cdot S_1 + \alpha_2 \cdot S_2 + \alpha_3 \cdot S_3 \qquad (5-19)$$

式中　　α_1、α_2、α_3——准备巷道的顶板、底板、两帮的权值，见表5-7。

图5-4　底板岩层的强度
　　　　计算图

巷道各个部分的权值　　　　　　　　　表5-7

指标	α_1	α_2	α_3
权值	0.31	0.60	0.09

根据 S 值的范围可以把准备巷道分为5大类，见表5-8。

准备巷道围岩稳定性分类　　　　　　　　表5-8

类别	稳定性	S	推荐支护形式
Ⅰ类	非常稳定	$S<0.5$	喷薄层混凝土
Ⅱ类	稳定	$0.5 \leqslant S<1.0$	锚喷支护
Ⅲ类	中等稳定	$1.0 \leqslant S<1.8$	锚网喷
Ⅳ类	不稳定	$1.8 \leqslant S<2.5$	注浆锚固+网带喷 U型钢可缩性支架+壁后充填
Ⅴ类	极不稳定	$S \geqslant 2.5$	注浆锚固+网带喷+底板处理 U型钢可缩性支架+壁后充填+底板处理

（4）开拓准备巷道围岩稳定性次分类

由于巷道弱结构岩层存在，巷道变形与破坏呈现非均衡的复杂现象，弱结构岩层在工程应力作用下一般首先发生变形破坏，对围岩变形破坏及支护效果均产生重大影响，甚至对巷道围岩稳定性起到主导作用。从巷道围岩空间状态来看，巷道是由顶板、底板和两帮组成的一个复合结构，结构的各部分在矿山压力作用下的受力状态不同，而且各部分岩层性质也不同。根据弱结构岩层在巷道围岩结构中的位置可分为 6 种类型，如图 5-5 所示。

判断准备巷道顶板、底板和两帮是否为弱结构岩层，利用准备巷道的采动应力 σ 与巷道各个部分的综合强度 σ_0、σ_d、σ_s 的比值 S_1、S_2、S_3 来判断。

如果

$$S_1 \geqslant 1.8, \quad S_2 \geqslant 1.8, \quad S_3 \geqslant 0.9 \tag{5-20}$$

那么可以判断巷道顶板、底板和两帮为弱结构岩层。

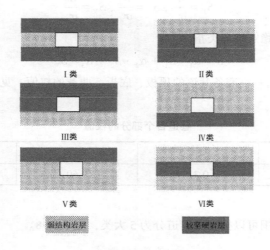

图 5-5　准备巷道围岩次分类

根据准备巷道围岩稳定性整体分类，选择准备巷道基本支护形式，然后结合准备巷道围岩稳定性次分类，选择加强支护方式。

①Ⅰ类型巷道的控制

对于Ⅰ类型的巷道，两帮的岩层强度较弱，低于巷道顶、底板岩层的强度，因此，两帮的塑性区范围较大，属于巷道中弱结构体，在巷道围岩应力作用下，两帮将首先产生较大范围的破坏，这种类型的巷道两帮的主要破坏形式是剪切破坏，形成成组的剪切面，在顶底板岩层的作用下，引起巷道两帮错动内移和片帮，使其巷帮岩层降低了对顶底板岩层的支撑，相当于加宽了巷道，引起顶底板岩层变形的显著增加，加剧了顶底板岩层的变形破坏。

针对这种类型的巷道，可采取加固两帮的支护措施，提高巷帮支护强度和岩体残余强度，控制巷帮的岩体变形破坏，减小巷帮的塑性区范围，增强巷帮对顶底板的支撑。合理的巷帮支护技术应该既能提供较大的侧向支护阻力，又能控制两帮塑性区发展，同时能适应两帮较大的变形特点。一般采用既有支护作用，又有加固作用的增强可拉伸锚杆支护。为了抑制巷帮弱结构与顶底板岩层之间的错动内移，增大岩层界面之间的错动阻力，可在巷道两帮的顶、底角处，布置倾斜锚杆。

这种类型的巷道加强支护既可以采用锚杆、锚注等加固方式，也可以采用让压的支护形式。当巷帮弱结构体较薄时，应当以让压支护为主，例如，采用钻孔卸压等，使得薄层弱结构体积聚的能量得到及时释放，降低围岩应力，以减小巷道支护的难度。

②Ⅱ类型巷道的控制

对于Ⅱ类型的巷道，顶板的岩层强度较弱，一般为层状软弱岩层，层厚不稳定，层理发育，分层之间粘结力小，掘巷后顶板极易离层破裂，难以形成承载结构。如果采用金属支架支护，巷道支护后顶板弱结构难以稳定，变形量大，维护困难，且顶板成为载荷体传递给两帮，加剧两帮的变形和破坏。如果采用锚杆支护，如果支护不及时，顶板离层之后，顶板的塑性区范围超过了常规锚杆的锚固范围，难以使得软弱顶板由载荷体变成承载体。因此，巷道掘进之后，应在顶板离层之前，采用初撑力、刚度和工作阻力都较高的锚杆及时支护，例如，采用树脂全长锚固高强度锚杆，结合钢带、金属网、锚索等辅助支护。

③Ⅲ类型巷道的控制

对于Ⅲ类型的巷道，底板的岩层强度较弱，底板弱结构体变形破坏的结果是底鼓。引起底鼓的主要原因有：底板岩性较弱，较高的岩层应力以及水力作用等。因此，防治底鼓应该从加固围岩，降低围岩应力和防治水等方面着手。对于底板岩性较弱的Ⅲ类型巷道，主要采用支护加固法，对底板弱结构体岩层进行加固，防治措施主要有：底板锚杆、帮角锚杆、底板注浆、封闭式支架以及混凝土反拱等。

④Ⅳ类型巷道的控制

Ⅳ类型巷道的顶板和两帮都是弱结构岩层，由于顶板和两帮变形破坏相互影响，因此，这种类型巷道的巷帮支护强度和残余强度的提高是巷道支护的关键。巷道支护的重点部位是巷道的两个顶角，可采用较长的锚索进行支护，使得锚索能够锚固到稳定岩层中。如果两帮较破碎，可锚性差，可对两帮进行锚注支护，这样可以提高巷帮的强度。

⑤Ⅴ类型巷道的控制

Ⅴ类型巷道的底板和两帮都是弱结构岩层。对于这种类型的巷道，对巷道两帮和底板的弱结构体同时控制是关键，巷道支护的重点是巷道的两个底角。如果仅仅对底板弱结构体进行控制，只能在某种程度上约束底板岩层的移动，对阻止两帮岩层的破坏无能为力，而两帮变形破坏也会影响到底板岩层的移动。两帮和底板越松软，巷道底鼓量就越大。巷道支护可采用锚注支护，或封闭式支架。

⑥Ⅵ类型巷道的控制

Ⅵ类型巷道的顶板和底板都是弱结构岩层。这种类型的巷道的两帮变形受巷道的顶板和底板的变形影响不大。这种类型的巷道的顶板支护可采用Ⅱ类型巷道的顶板支护方法，底板支护可采用Ⅲ类型的底板支护方法，巷道的两帮可采用普通的锚杆支护，或锚喷支护。

第六章

巷道支护设计应用实例一

第一节　巷道支护设计国内外研究现状

锚杆支护设计关系到巷道锚杆支护工程的质量优劣，关系到安全可靠程度及经济是否合理等重要问题。目前锚杆支护设计方法基本上可归纳为三大类：

第一类是工程类比法，包含着较简单的经验公式进行设计，即建立在以往解决岩层控制的经验基础上的设计方法。该方法的缺点是强调了顶板控制问题的本身，而缺乏对引起顶板不稳定的内在原因的重视。由于煤层赋存条件千差万别，且某一类别中尚存在各种不同情况，所以使用同时必须参照多方面经验加以应用。

第二类是理论计算法，即是建立在解决顶板支护问题的顶板和岩石力学理论基础上的设计方法，分析巷道围岩的应力与变形，给出锚杆支护参数的解析解，理论计算方法很多，计算中一些参数难于可靠确定，因此计算结果存在局限性，在某些条件下能够应用，某些条件则难以应用。它的重要性是为研究锚杆支护机理提供了理论依据。该方法一般是通过公式估算有关支护参数，有代表性的是兰和比肖夫RRU 准则和帕内克设计诺模图。美国目前常采用上述两种方法相结合的设计方法。

第三类是澳大利亚、英国两国目前使用的以计算机数值模拟为基础的设计方法，他们在采用理论法和经验法的基础上，认为锚杆支护设计必须保证巷道始终处于安全可靠状态，而可靠的设计须以对开采引起的岩层变形，锚杆受力及支护效果的精确测量为基础。在此基础上认为应采用以下两种手段：一是进行巷道监测，找出围岩矿压显现特征及掘进与回采期间锚杆支护受力的特性；二是利用计算机对通过支护结构系统构造的数学模型、模拟可能遇到的应力场范围内岩层矿压显现与锚杆支护过程中特性分析，评价所选择的各种锚杆支护系统或支护结构的可行性与可靠程度。所以在锚杆支护设计上形成了以计算机数值模拟为核心的集地质力学评估、初始设计、现场监测、信息反馈和修改、完善设计等步骤为一体的锚杆支护设计方法。具体实施分 4 个步骤，其中地质力学评估包括对巷道围岩力学性质的测定，地应力测试和现场勘查；初始设计是利用计算机数字模拟方法在巷道开挖前进行；现场监测是利用测力锚杆对锚杆受力、利用深孔多点位移计对巷道顶板和两煤帮的离层以及对围岩表面位移进行适时观测；最后一步的信息反馈和修改完善设计，将现场监测信息与初始设计进行对比分析，若达到支护效果则证实初始设计正确，否则应修正初始设计，调整锚杆支护参数，作为最终设计。这种设计方法虽然比工程类比法有了很大进步，可以消除锚杆支护巷道一些因设计缺陷导致的安全隐患，有如下特点：第一，设计前需要准备的工作量大；第二，不适用煤矿复杂的地质条件。

第二节　支护设计方法

　　煤矿巷道支护设计采用综合设计方法，即在围岩分类的基础上，确定巷道支护方式，利用工程类比法和理论分析法提出支护方案，采用数值模拟方法进行方案比选，最终确定最优方案。

　　煤巷锚杆支护设计主要包括地应力测试、现场地质力学评估、数值模拟分析初始设计、利用现场检测反馈信息修改设计等几个基本步骤。这种设计方法是在大量现场实践和理论研究的基础上不断地完善和发展起来的，在锚杆支护设计和施工中发挥了重要作用。尤其是现场监测数值模拟法目前已经成为澳大利亚和英国主要应用的设计方法，在煤巷锚杆支护参数设计中取得了较大成功。巷道锚杆支护设计流程如图6-1所示。

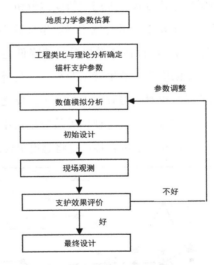

图6-1　巷道锚杆支护设计流程

一、地质力学参数估算

　　地质力学参数估算主要是针对巷道围岩的有关力学性质参数，它主要包括：1.5倍巷道宽度范围内的顶板各岩层、煤层和1倍巷道宽度范围内的底板各岩层等的密度和单向抗压强度。同时，根据直接顶垮落步距将岩块的力学参数折算成相应的岩体力学参数。

　　利用地质钻机钻取的岩芯或在穿层巷道中拾取的岩块，在试验室制成标准试件和力学试验后可获得岩块的力学性质参数。直接顶的垮落步距和各岩层的具体厚度及位置等需要现场实测。

二、锚杆支护参数设计

锚杆支护参数确定一般采用数值模拟分析法。地质力学参数是锚杆支护参数设计的基础，是数值模拟模型的边界条件，它在计算过程中是不变的。支护中有几个主要参数对锚杆支护的效果起着重要作用。包括巷道的布置方向、煤柱的尺寸、锚杆钻孔直径、锚固形式、锚杆的直径、强度与长度、树脂卷型号、托梁、托盘、护网、锚杆的布置。其中锚杆钻孔直径、树脂卷型号、托梁、护网等参数不能用数值模拟方法确定，我们采用理论分析法、现场试验法和现场监测法等方法来完成。在这些参数中，锚杆布置对巷道围岩移近量影响较大，对支护系统的可靠性至关重要。一个合理的布置将是以最低的支护成本达到所要求的支护效果。从这种意义上讲，锚杆的布置不是任意的，也不是锚杆数目越多越好。因为锚杆多了，技术上可行，经济上却是不合理的。设计中为了合理确定锚杆布置方式，采用数值模拟分析，确定最优方案。锚杆布置不同时巷道围岩变形情况如图6-2所示（图中横纵坐标数字分别为顶板锚杆、两帮锚杆的根数）。从图中可以看出，锚杆根数增加总是能降低巷道变形，但效果却是不一样的。当锚杆数目达到一定限度后，效果就不明显了。另外，我们还可以发现，顶板锚杆在对顶板进行控制的同时也对两帮有一定的效果，反之两帮锚杆除了抑制两帮变形外也限制顶底板的进一步移近，一般这种相关效应是较小的。这里需要指出，围岩条件恶化后，锚杆布置和数量对巷道围岩移近量将起更重要的作用。

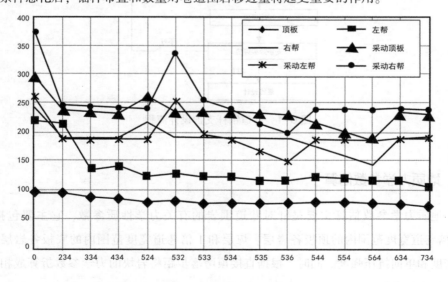

图6-2 锚杆布置与巷道围岩的移近量的关系

三、现场监测信息反馈与参数修改

在巷道施工期间随时对支护质量及支护效果进行监测，并及时反馈监测信息，进行比较分析后判断是否需要对初始设计方案进行修改，最后确定正式的锚杆支护方案。

第三节　某矿 835 工作面巷道支护设计

一、835 工作面概况

（1）工作面概况

835 工作面北面为井田边界，南面为−450 皮带巷，西面为七采区 738 采空区，东面为断层 SDF13。工作面概况见表 6−1，工作面平面位置如图 6−3 所示。

835 工作面概况表　　　　　　　　　　　表 6−1

煤层名称	3 煤	水平名称	−450 水平	采区名称	八采区
工作面名称	835 工作面	地面标高（m）	+55～+58	工作面标高（m）	−270～−360
井下位置及四邻采掘情况	835 工作面北面为井田边界，南面为−450 皮带巷，西面为七采区 738 工作面采空区以及断层 SDF7，东面断层 SDF13				

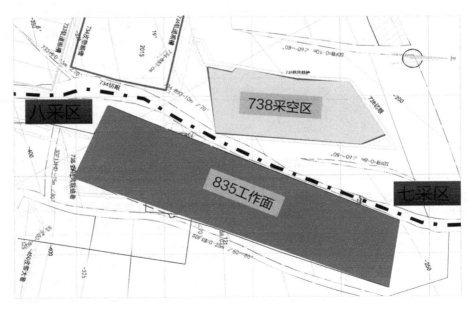

图 6−3　835 工作面平面位置示意图

（2）835 工作面煤层赋存特征

835 工作面揭露煤层为早二迭系山西组的 3 煤层，褐黑色、黑色，玻璃光泽。一般夹矸 0~1 层，夹矸为砂质泥岩或粉砂岩，厚度 0.1~0.15m。煤层倾角 20°~30°，平均 25°，煤层厚度 7.3m，煤层硬度系数 f=2~3，属结构简单煤层，835 工作面煤层赋存特征具体情况见表 6-2。

工作面煤层赋存特征表　　　　　　表 6-2

平均煤厚（m）	7.30	煤层结构	煤层倾角（°）	20~30
		简单		25
煤层情况	835 工作面外面揭露煤层主要由暗煤及少许亮煤组成，裂隙发育，夹镜煤条带，局部含少许菱铁矿，属半暗型煤			

（3）该矿井 3 煤冲击倾向性鉴定情况

冲击倾向性为煤岩体所具有的积蓄变形能并产生冲击式破坏的性质，煤岩层冲击倾向等级越高，就越有可能发生冲击危险。该煤矿委托中国矿业大学对 3 煤层及其顶底板的冲击倾向性进行了鉴定，其鉴定结果见表 6-3~表 6-5。

3 煤试样冲击倾向性测定结果　　　　　　表 6-3

煤层	指数				鉴定结果	
3 煤层	动态破坏时间 D_T（ms）	弹性能量指数 W_{ET}	冲击能量指数 K_E	单轴抗压强度 R_c	类别	名称
各指标对应冲击倾向性	2732	2.35	2.87	7.74	Ⅱ	弱冲击倾向性
	无	弱	弱	弱		

3 煤顶板试样冲击倾向性测定结果　　　　　　表 6-4

顶板岩性	岩层厚度（m）	抗拉强度（MPa）	弹性模量（GPa）	单位宽度上覆岩层载荷（MPa）	弯曲能量指数（kJ）	复合顶板弯曲能量指数（kJ）	鉴定结果	
细砂岩	6.5	2.38	5.51	0.018	60.2	65.0	类型	名称
粉砂岩	3.2	1.93	4.03	0.078	4.8		Ⅱ	弱冲击倾向性

底板岩性	岩层厚度（m）	抗拉强度（MPa）	弹性模量（GPa）	单位宽度上覆岩层载荷（MPa）	弯曲能量指数（kJ）	复合顶板弯曲能量指数（kJ）	鉴定结果	
							类型	名称
细砂岩	5.77	6.11	7.73	0.013	62.0	72.1	Ⅱ	弱冲击倾向性
粉砂岩	6.37	3.63	4.21	0.149	10.1			

由表 6-3～表 6-5 数据进一步得到：该煤矿 3 煤层冲击倾向性类别为Ⅱ类，即为弱冲击倾向性；顶底板冲击倾向性类别皆为Ⅱ类，即具有弱冲击倾向性。冲击倾向性反映的是煤岩体发生冲击破坏的能力，室内试验表明，组合煤岩体试件冲击倾向性指标均高于单一煤、岩试件指标，在围岩作用下，煤体发生冲击危险的可能性增大。

（4）835 工作面顶底板条件

835 工作面顶底板条件见表 6-6，3 煤顶底板岩层统计情况见表 6-7。

835 工作面顶底板条件 表 6-6

顶底板名称	岩石名称	层厚（m）	岩性描述
老顶	中粒砂岩	12.34	浅灰色，以石英、长石为主，分选性好，块状，钙质胶结，易破碎
直接顶	粉砂岩	2.54	深灰色，块状，断口平坦，滑面发育，含大量植物化石
煤层	3 煤	7.30	主要由暗煤及少许亮煤组成，裂隙发育，夹镜煤条带，局部含少许菱铁矿，属半暗型煤
直接底	泥岩	0.73	灰色，块状构造，偶见滑面，内含黄铁矿晶体
老底	粉砂岩	5.30	深灰色，局部含较多细砂，水平层理，偶见裂隙由方解石充填

关键层类型	名称	厚度（m）	累计深度（m）	距3煤层高度（m）
复合主关键层	黏土、砂质黏土、黏土质砂	192.50	192.5	384.37
	砾岩	52.31	244.81	332.06
	细砂岩	40.90	285.71	291.16
	泥岩	46.90	332.61	244.26
	细砂岩	2.90	335.51	241.36
	泥岩	37.30	372.81	204.06
	细砂岩	2.90	375.71	201.16
	泥岩	3.40	379.11	197.76
亚关键层	粉砂岩	10.00	389.11	187.76
	细砂岩	11.30	400.41	176.46
	泥岩	5.20	405.61	171.26
亚关键层	粉砂岩	11.00	416.61	160.26
	断层破碎带	10.10	426.71	150.16
	泥岩	5.10	431.81	145.06
	断层破碎带	5.30	437.11	139.76
	泥岩	10.20	447.31	129.56
亚关键层	中砂岩	11.10	458.41	118.46
	泥岩	2.40	460.81	116.06
	断层破碎带	2.40	463.21	113.66
	粉砂岩	4.60	467.81	109.06
	断层破碎带	7.60	475.41	101.46
亚关键层	细砂岩	19.20	494.61	82.26
亚关键层	粉砂岩	14.22	508.83	68.04
亚关键层	细砂岩	30.48	539.31	37.56
	断层破碎带	19.70	559.01	17.86
基本顶	中砂岩	12.34	571.35	5.52
	细砂岩	2.98	574.33	2.54
	粉砂岩	2.54	576.87	0
直接顶	3煤	6.83	583.70	—
	泥岩	0.73		
	粉砂岩	5.30		
	泥岩	12.10		

（5）835工作面地质构造

835工作面的地质构造相对较简单，基本为单一斜构造，煤层倾角为20°～30°，平均25°。835工作面进风顺槽沿断层SDF13（0～25m）走向布置，回风顺槽沿断层

SDF7（10~25m）走向布置，工作面采掘期间可能揭露较多其他次生断层。根据原七采区三维地震勘探资料、临近工作面顺槽实际揭露情况分析，835工作面及周边断层情况见表6-8。

835工作面及周边断层情况一览表

表6-8

构造名称	走向(°)	倾向(°)	倾角(°)	落差(m)	影响程度
SDF7	48	138	60~80	10~25	较大
SDF13	20	100	60~80	0~25	较大

本方案及参数设计针对矿井835综采工作面进风顺槽（轨道顺槽）、回风顺槽（皮带顺槽）及切眼，技术方案确定及参数设计依据矿方已掌握的巷道围岩赋存及相关地质资料。

二、835工作面地质力学评估

随着开采深度的不断增加，矿井地压现象显现明显，并有进一步发展的趋势，充分说明在巷道布置和支护设计中必须充分考虑地应力特别是最大水平应力对巷道的作用，并且随着采深的不断加大，地应力对巷道支护的影响将更加明显。因此，针对开采深度较大的煤矿而言，进一步开展深部地应力实测工作是十分必要的，对该矿今后采煤工作面准备巷道支护具有重要现实意义。

为掌握地应力分布特点，同时为井下巷道合理支护设计提供科学依据，该煤矿对井下主要开拓区域进行了原岩应力测试工作。在七、八采区现有巷道揭露范围内选择了2个测点进行原岩应力实测，第一个测点（编号为SJC-1）位于831轨道联络巷，第二个测点（编号为SJC-2）位于-450水平1号联络巷。测点位置如图6-4所示。

（1）岩石物理力学指标测试结果分析

在七、八采区井下巷道钻孔采取的岩样送交检测中心进行岩石力学试验，检测项目为天然抗压强度、弹性模量、泊松比；测试结果见表6-9。

某矿七、八采区岩石物理力学指标测试结果

表6-9

取样地点	岩石名称	抗压强度(MPa)	弹性模量(GPa)	泊松比
SJC-1	粉砂岩	31.7	1.35	0.23
SJC-2	粉砂岩	30.5	1.57	0.21

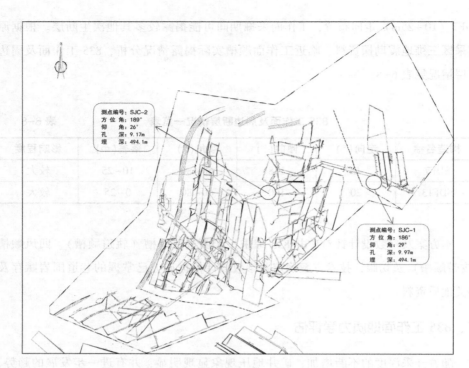

图 6-4　某煤矿原岩应力测点布置图

（2）原岩应力测量结果

①SJC-1 测点原岩应力实测

通过实测得到的各应变片的应变量，应用应力计专用处理软件计算应力，应力实测结果列于表 6-10，SJC-1 测点原岩应力空间分布如图 6-5 所示。

SJC-1 测点原岩应力实测结果　　　　　　　　　　表 6-10

主应力	实测（MPa）	方位角（°）	倾角（°）
σ_1	20.12	183.45	26.94
σ_2	12.21	45.63	55.55
σ_3	8.13	103.99	−19.79
σ_v	11.75		

注：1. 岩体类型：粉砂岩；

2. 垂直应力为实测数据；

3. 地应力分量以大地坐标系为参考，大地坐标为 Z 轴向上，Y 轴向北，X 轴向东；

4. 主应力方位由北起顺时针计算，倾角上倾为正，下倾为负。

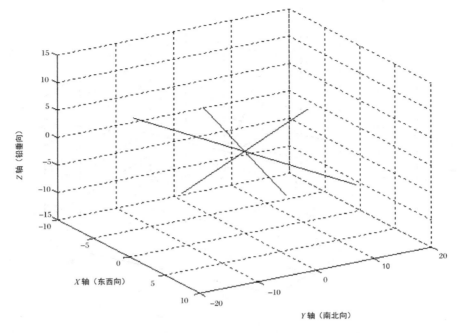

图 6-5 某煤矿 SJC-1 测点原岩应力空间分布示意图

②SJC-2 测点原岩应力实测

通过实测得到的各应变片的应变量，应用应力计专用处理软件计算应力，应力实测结果列于表 6-11，SJC-2 测点原岩应力空间分布如图 6-6 所示。

SJC-2 测点原岩应力实测结果　　　　　　　　表 6-11

主应力	实测（MPa）	方位角（°）	倾角（°）
σ_1	20.61	186.03	-7.90
σ_2	11.98	62.03	-76.06
σ_3	8.03	97.64	11.41
σ_v	11.99		

注：1. 岩体类型：粉砂岩；

2. 垂直应力为实测数据；

3. 地应力分量以大地坐标系为参考，大地坐标为 Z 轴向上，Y 轴向北，X 轴向东；

4. 主应力方位由北起顺时针计算，倾角上倾为正，下倾为负。

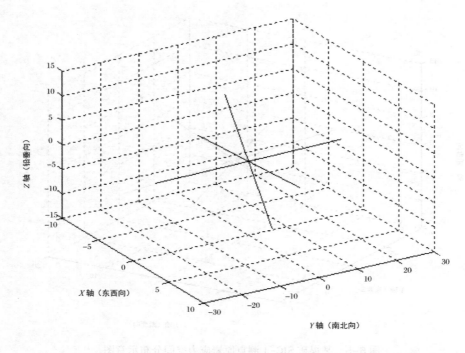

图 6-6　某煤矿 SJC-2 测点原岩应力空间分布示意图

（3）原岩应力实测结果分析

为了解井下七、八采区原岩应力的实际状态，并结合井下施工条件，本次实测布置了 2 个原岩应力测点。为便于分析，将 2 个测点的最大主应力、中间主应力和最小主应力的方位角和应力值汇总在立体网格上，如图 6-7 所示，最大主应力的方位角集中在 183.45°～186.03°，应力值大小在 20.12～20.61MPa，而倾角在－7.90°～26.94°，说明 2 个测点最大主应力的倾角均小于±30°，最大主应力均可视为水平应力；中间主应力的方位角集中在 45.63°～62.03°，应力值大小在 11.98～12.21MPa；最小主应力的方位角集中在 97.64°～103.99°，应力值大小在 8.03～8.13MPa。

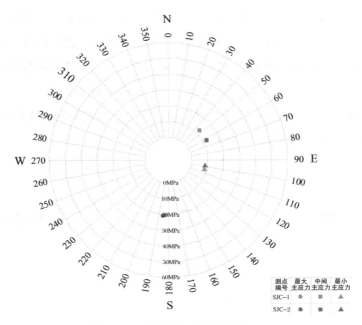

图 6-7 主应力分布立体网格

原岩应力测量结果表明，2 个测点最大主应力的倾角均小于±30°，最大主应力均为水平应力，最大水平应力的方向为 183.45°~186.03°，最大水平应力大于垂直应力，最大水平应力（σ_{hmax}）、最小水平应力（σ_{hmin}）、垂直应力（σ_v）以及三者之间的关系列于表 6-12。

<table>
<tr><td colspan="6">某煤矿七、八采区原岩应力测量结果　　　　　　　　　　表 6-12</td></tr>
<tr><th>测点</th><th>σ_{hmax}（MPa）</th><th>σ_{hmin}（MPa）</th><th>σ_v（MPa）</th><th>σ_{hmax}/σ_v</th><th>$\sigma_{hmax}/\sigma_{hmin}$</th></tr>
<tr><td>SJC-1</td><td>20.12</td><td>8.13</td><td>11.75</td><td>1.71</td><td>2.47</td></tr>
<tr><td>SJC-2</td><td>20.61</td><td>8.03</td><td>11.99</td><td>1.72</td><td>2.57</td></tr>
</table>

注：垂直应力为实测数据。

该煤矿原岩应力分布特征如下：

①原岩应力场的最大主应力为水平应力，最大水平主应力的大小为 20.12~20.61MPa，方向为 183.45°~186.03°；

②最大水平主应力大于垂直应力，最大水平主应力为垂直应力的 1.71~1.72 倍，对井下岩层的变形破坏方式及矿压显现规律会有明显的影响；

③实测的最大水平主应力为最小水平主应力的 2.47~2.57 倍，即 $\sigma_{hmax} = 2.47~2.57\sigma_{hmin}$，水平应力对巷道掘进的影响具有较为明显的方向性；

④实测的垂直应力与按照上覆岩层厚度和密度计算的垂直应力基本相近。

在最大水平应力足以造成围岩破坏的条件下，巷道掘进方向对于最大限度地保持巷道的稳定性具有重要意义。根据对大量实测数据和巷道破坏程度的评价，分析最大水平应力与巷道成不同角度的情况下，巷道破坏的情况。

按与最大水平主应力成不同角度掘进的巷道将经受不同程度的应力集中的影响，相应地巷道状况也会有显著的差别（图6-8）。

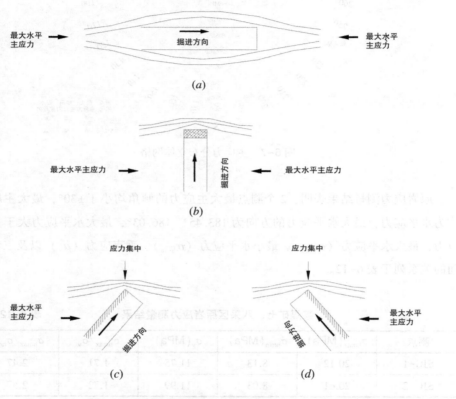

图6-8　不同掘进方向巷道状况的差异（平面图）

（a）巷道状况好；（b）巷道状况差；（c）巷道左侧发生变形；（d）巷道右侧发生变形

当巷道掘进方向与最大水平主应力平行时，受水平应力影响最小，对顶底板的稳定最有利；当巷道掘进方向与最大水平主应力垂直时，受水平应力影响最大，对顶底板的稳定最为不利；与最大水平主应力以一定角度斜交的巷道，巷道一侧出现应力集中而另一侧应力释放，因而顶底板的变形破坏会偏向巷道的某一侧。

在顶板条件较差的地段如顶板岩层强度低、岩层胶结差或构造发育等部位，水平应力对巷道和采场的影响显现程度更加明显，由于围岩强度较低，水平应力会造成顶板破坏的范围不断加深，即破坏范围向顶板深部逐渐转移。

随着矿井开采范围的不断扩大和埋深的增加，水平应力对巷道和采场的影响将充分显现，应引起足够的重视。

从以上分析可知，最大水平应力应当作为巷道布置与支护设计首先考虑的问题。从这个意义上说，掌握最大水平主应力的大小和方向是非常重要的。

在最大水平应力作用下会使巷道顶底板岩层发生剪切破坏，继而出现岩层错动和底板岩层的膨胀，造成围岩变形。这已被许多煤矿的生产实践所证实。因此，巷道的锚杆支护设计应侧重于在顶板变形的早期阶段提高围岩的稳定性，以控制后期围岩变形的严重程度。

三、835 工作面围岩应力分布规律分析

为了深入了解 835 工作面围岩应力分布规律，按实际地质条件和开采技术资料对 835 工作面应力环境进行数值模拟分析。

（1）835 工作面采掘期间应力环境分析

835 工作面西部为 738 和 734 采空区，835 工作面与 738 采空区之间有不规则煤柱，煤柱最窄处为 15m。为了更接近 835 工作面开采过程中实际应力分布情况，我们根据 835 工作面附近的钻孔柱状图，选取了煤层上方 113m 覆岩资料，利用 FLAC 3D 建立数值模型。模型走向长度为 400m，倾向宽度为 200m。

模型底部限制水平和垂直方向的位移（X，Y，Z 方向位移均为 0），四个侧面限制水平方向位移（即 X，Y 位移为 0），顶部设置为自由边界。模型采用摩尔－库仑强度准则。各岩层的力学参数见表 6–13。

M–C 准则力学参数 表 6–13

岩性	剪切模量（GPa）	体积模量（GPa）	黏聚力（MPa）	内摩擦角（°）	抗拉强度（MPa）	密度（kg/m³）
细砂岩	17.61	8.22	16.9	39	6.34	2810
煤	1.5	0.7	0.7	24	0.53	1400
粉砂岩	11.8	6.5	5.7	30	12.6	2689
泥岩	7.6	4.7	3.8	35	2.6	1560

开挖方案：在模型应力平衡后，首先对 835 工作面回风顺槽（皮带顺槽）、835 工作面切眼、835 工作面进风顺槽（轨道顺槽）依次进行开挖，然后对 835 工作面进行回采，每次回采 20m。研究工作面掘进、回采不同距离时巷道两侧煤柱的应力分布规律。

（2）掘进期间 835 工作面回风顺槽两侧应力分布规律

为了研究掘进期间回风顺槽两侧应力分布规律，对模型进行切片，巷道两侧应力变化如图 6-9 所示。

由图 6-9 可知，随着 835 工作面轨道顺槽的掘进，巷道两侧煤应力明显升高，应力集中程度不高，应力峰值约为 12.7MPa，应力集中区域位于巷道后方 20 ~ 60m 处。

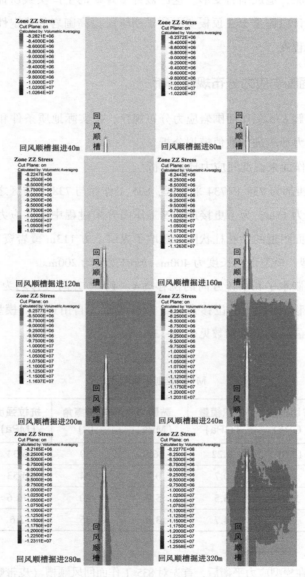

图 6-9　835 工作面回风顺槽掘进不同距离时巷道两侧应力分布规律

（3）掘进期间 835 工作面切眼巷道两侧内应力分布规律

为了研究 835 工作面切眼两侧应力的分布，对模型进行切片，切眼及回风顺槽应力变化如图 6-10 所示。

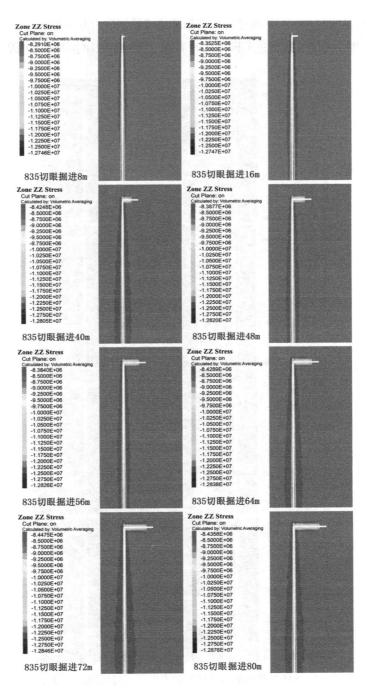

图 6-10　掘进不同距离时 835 工作面切眼两侧应力分布规律

根据图 6-10，随着 835 工作面切眼的逐渐掘进，回风顺槽巷道两侧应力缓慢升高，升高范围不大，应力升高区域逐渐往切眼方向转移，在切眼开门口形成应力集中区，应力峰值约为 12.87MPa。切眼掘进期间巷道两侧应力集中程度不高，应力约为 11.25MPa。

（4）回采期间 835 工作面进风顺槽掘进巷道两侧应力分布特征

835 工作面进风顺槽掘进不同距离时周围应力分布规律如图 6-11 所示。

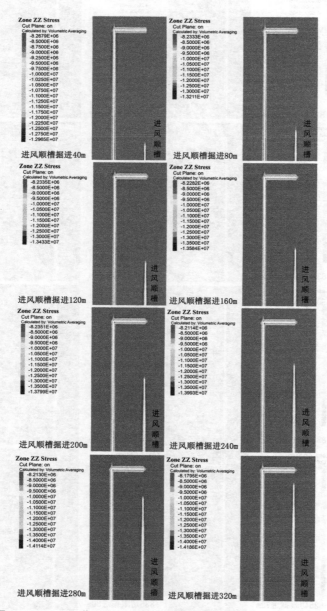

图 6-11　835 工作面进风顺槽掘进不同距离时周围应力分布规律

根据图6-11，随着835工作面逐渐推进，回风顺槽两侧内应力分布趋于平衡状态，切眼应力集中区域应力集中程度逐渐增加，当进风顺槽掘进至距切眼贯通前100m位置时，回风顺槽侧切眼应力集中区域应力显著增高，后随835工作面进风顺槽的掘进，应力集中区域缓慢增加，应力峰值约为14.2MPa。进风顺槽侧应力集中区域基本位于巷道后方40~60处，进风顺槽掘进工作面前方应力峰值约为9MPa，835工作面掘进期间应力集中程度不高，应力集中系数约为1.4，掘进期间要加强支护措施，提高支护强度，尤其是切眼两侧需加强支护，同时需加强对巷道后方区域的矿压观测，确保安全生产。

（5）回采期间835工作面开采煤柱应力分布特征

835工作面回采不同距离时周围应力分布规律如图6-12所示。

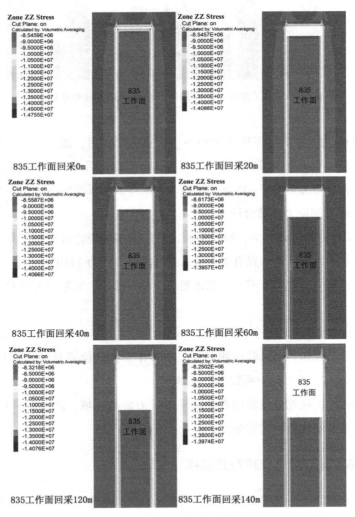

图6-12 835工作面回采不同距离时周围应力分布规律

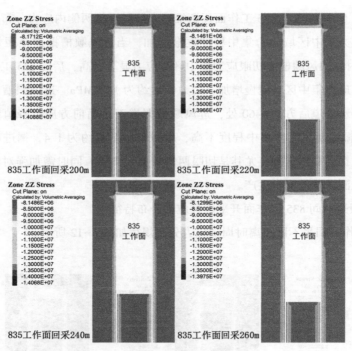

图 6-12 835 工作面回采不同距离时周围应力分布规律（续）

根据图 6-12，在工作面回采过程中，采空区形成后，随着 835 工作面逐渐推进，两顺槽实体煤侧应力明显升高，但基本位于工作面后方，工作面前方应力峰值约为 12MPa；高应力区位于 835 采空区内，对工作面回采影响不大。

（6）采掘期间应力环境分析

①835 工作面掘进过程中，回风顺槽、进风顺槽侧应力峰值基本集中在煤壁后方区域，只与工作面推进位置有关，应力相对较低，约为 14MPa 以内，应力集中系数为 1~1.4，应力集中程度不高，掘进期间应加强监测，并制订专项措施，确保安全生产。

②835 工作面回采过程中，两顺槽侧应力集中区域多位于工作面后方区域，835 工作面前方进风顺槽、回风顺槽侧煤柱只与工作面推进位置有关，应力相对较低，约为 12MPa 以内，应力集中系数为 1~1.3。

③采掘期间，应充分注意切眼非回采帮应力增高区域，加强支护和卸压工作，确保现场掘进及安装期间的安全。

四、围岩稳定性分类与支护方式选择

采用第五章回采巷道围岩稳定性分类方法，得到 835 工作面回采巷道整体类别为Ⅲ类，其相应支护方式为锚杆+网+锚索。835 工作面支护方式为锚网索支护符合条件。

五、掘进期间回采巷道支护方案设计

（1）巷道断面

①835进风顺槽沿底板掘进，锚网索支护，巷道断面形状为矩形，$S_荒=11.2m^2$，$S_净=10.3m^2$，$W_荒=4.0m$，$W_净=3.8m$，$H_荒=2.8m$，$H_净=2.7m$。

②835回风顺槽沿底板掘进，锚网索支护，巷道断面形状为矩形，$S_荒=10.4m^2$，$S_净=9.5m^2$，$W_荒=4.0m$，$W_净=3.8m$，$H_荒=2.6m$，$H_净=2.5m$。

③工作面切眼断面设计为矩形，锚网索支护，$S_荒=16.9m^2$，$S_净=15.75m^2$，$W_荒=6.5m$，$W_净=6.3m$，$H_荒=2.6m$，$H_净=2.5m$。

（2）支护参数及支护断面图

835进风顺槽支护断面示意见图6-13。

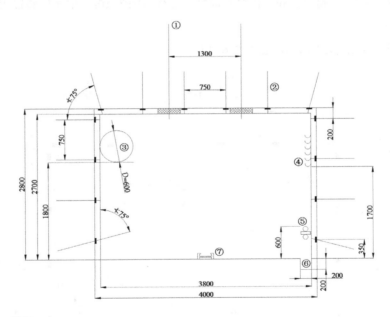

说明：

1. $S_荒=11.2m^2$、$S_净=10.3m^2$

2. ①锚索、②锚杆、③风筒、④电缆钩、⑤4寸风水管路、⑥水沟、⑦刮板输送机

图6-13 835进风顺槽支护断面示意图

835进风顺槽支护形式：

①锚杆及托盘：顶部选用 $\phi22mm\times2400mm$ 等强螺纹钢式树脂锚杆，帮部选用

$\phi22mm \times 2200mm$ 等强螺纹钢式树脂锚杆。锚杆托盘为 W 形托盘，规格为：长×宽×厚$=120mm \times 150mm \times 8mm$。

②金属网：采用菱形金属网护顶护帮，使用 10 号镀锌钢丝编制的网格为 $50mm \times 50mm$ 的菱形金属网，顶部与两帮分别使用长×宽$=4.2m \times 0.9m$、长×宽$=2.5m \times 0.9m$ 两种规格。

③W 钢带：顶部采用厚度 3mm，宽度 160mm，长度 3900mm 的 W 钢带，帮部采用厚度 3mm，宽度 160mm，长度 2400mm 的 W 钢带。

④锚索及托盘：锚索采用 $\phi21.8mm$ 的低松弛预应力钢绞线截制而成，长度不小于 5m。锚索钢绞线长度，要根据煤层厚度情况及时增减，保证锚索锚入巷道煤层顶板以上岩石深度不少于 2m。锚索托盘采用长度 $400 \sim 500mm$ 的 11 号工字钢加工。

⑤树脂锚固剂：CKa2545、CKa2370、K2370、Z2370 四种型号。超快速树脂锚固剂搅拌时间为 $10 \sim 15s$，快速树脂锚固剂搅拌时间为 $15 \sim 20s$，中速树脂锚固剂搅拌时间为 $20 \sim 30s$；超快速和快速树脂锚固剂等待时间为 10s，中速树脂锚固剂等待时间为 15s。

835 回风顺槽支护断面示意见图 6-14。

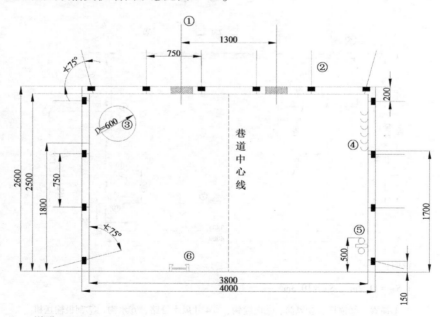

说明：

1. $S_荒 = 10.4m^2$、$S_净 = 9.5m^2$

2. ①锚索、②锚杆、③风筒、④电缆钩、⑤风水管路、⑥溜槽

图 6-14 835 回风顺槽支护断面示意图

835 回风顺槽支护形式：

①锚杆及托盘：顶部选用 $\phi22mm\times2400mm$ 等强螺纹钢式树脂锚杆，帮部选用 $\phi22mm\times2200mm$ 等强螺纹钢式树脂锚杆。锚杆托盘为 W 形托盘，规格为：长×宽×厚＝120mm×150mm×8mm。

②金属网：采用菱形金属网护顶护帮，使用 10 号镀锌钢丝编制的网格为 50mm×50mm 的菱形金属网，顶部与两帮分别使用长×宽＝4.2m×0.9m、长×宽＝2.5m×0.9m 两种规格。

③W 钢带：顶部采用厚度 4mm，宽度 200mm，长度 3900mm 的 W 钢带，帮部采用厚度 4mm，宽度 200mm，长度 2400mm 的 W 钢带。

④锚索及托盘：锚索采用 $\phi21.8mm$ 的低松弛预应力钢绞线截制而成，长度不小于 5m。锚索钢绞线长度，要根据煤层厚度情况及时增减，保证锚索锚入巷道煤层顶板以上岩石深度不少于 2m。锚索托盘采用长度 400~500mm 的 11 号工字钢加工。

⑤树脂锚固剂：CKa2545、CKa2370、K2370、Z2370 四种型号。超快速树脂锚固剂搅拌时间为 10~15s，快速树脂锚固剂搅拌时间为 15~20s，中速树脂锚固剂搅拌时间为 20~30s；超快速和快速树脂锚固剂等待时间为 10s，中速树脂锚固剂等待时间为 15min。

六、掘进期间进风顺槽巷道支护参数验算

（1）顶板锚杆支护参数验算过程

采用锚网索永久支护，按悬吊理论、普氏自然平衡拱理论、组合拱理论计算锚杆、锚索参数，验算如下。

①锚杆长度验算

$$L=L_1+L_2+L_3 \tag{6-1}$$

式中　　L——锚杆长度（m）；

　　　　L_1——锚杆锚入稳定岩层的深度，工程类比取 0.5m；

　　　　L_2——顶板锚杆有效长度或围岩松动圈冒落高度 m；

　　　　L_3——锚杆在巷道中的外露长度，取 0.1m。

其中：$L_2=\dfrac{\dfrac{B}{2}+H\tan\left(45°-\dfrac{\omega}{2}\right)}{f}$（当 $f<3$ 时采用该公式进行计算）　　（6-2）

式中　　B——巷道掘进宽度，取 4m；

　　　　H——巷道掘进高度，取 2.8m；

f——巷道顶板的岩石普氏坚固性系数，煤取 2.5；

ω——两帮围岩的内摩擦角。

其中：$\omega = \arctan(f) = \arctan(2.5) = 68.2°$

$$L_2 = \frac{\dfrac{4}{2} + 2.8\tan\left(45° - \dfrac{68.2°}{2}\right)}{2.5} = 1.015\text{m}$$

则：$L = 0.5 + 1.015 + 0.1 = 1.615\text{m}$

根据《煤矿巷道锚杆支护技术规范》GB/T 35056—2018 中锚杆长度参考范围 1.6~3.0m，结合验算情况，现场实际选取锚杆长度 $L = 2.4\text{m} > 1.615\text{m}$，符合要求。

②锚杆间距、排距验算

一般来说锚杆间距、排距都相等。

设计时令间距、排距均为 α，则：

$$\alpha = \sqrt{\frac{Q}{KL_2\gamma}} = \sqrt{\frac{120}{2 \times 1.015 \times 13.23}} = 2.113\text{m} \tag{6-3}$$

式中　α——锚杆间距、排距（m）；

　　　Q——锚杆设计锚固力，120kN；

　　　L_2——顶板锚杆有效长度或围岩松动圈冒落高度，经式（6-2）计算

　　　　　取 1.015m；

　　　K——安全系数，一般取 $K = 2$；

　　　γ——被悬吊煤层的重力密度，取 13.23kN/m³。

根据《煤矿巷道锚杆支护技术规范》GB/T 35056—2018 中锚杆间距、排距参考范围 0.6~1.5m，结合验算情况，现场实际选取间距、排距 $\alpha = 0.75 \times 0.8\text{m} < 1.5\text{m} < 2.113\text{m}$，符合要求。

③锚杆杆体直径验算

$$d = \sqrt{\frac{4Q}{\pi\sigma}} = \sqrt{\frac{4 \times 120\text{kN}}{\pi \times 500 \times 10^{-3}\text{kN/mm}^2}} = 17.481\text{mm} \tag{6-4}$$

式中　d——锚杆杆体直径（mm）；

　　　Q——锚杆设计锚固力，120kN/根；

　　　σ——杆体材料抗拉强度（MPa），根据钢材产品质量证明书取 500MPa；

根据《煤矿巷道锚杆支护技术规范》GB/T 35056—2018 锚杆直径为 16~25mm，结合验算情况，现场实际选取锚杆直径 = 22mm > 17.5mm，符合要求。

④锚杆锚固长度计算

所需锚固长度为 l_a

$$l_a = \frac{Q}{\pi D C_0} \qquad (6-5)$$

式中　　Q——设计锚固力，取锚杆的屈服载荷 120kN；

　　　　l_a——锚固长度（m）；

　　　　D——钻孔直径，28mm；

　　　　C_0——树脂锚固剂粘结强度（MPa）（树脂药卷与煤体的粘结强度取 2MPa；树脂药卷与螺纹钢锚杆杆体的粘结强度取 3.5MPa）。

按树脂药卷与煤体的粘结强度计算，钻孔直径为 28mm，有 $l_a = 0.68$m；

按树脂药卷与锚杆杆体的粘结强度计算，锚杆杆体直径为 22mm，故有 $l_a = 0.347$m，所以锚固长度取其大值为 $l_a = 0.68$m。

$$l_r = \frac{D^2 - d^2}{d_r{}^2} l_a \qquad (6-6)$$

式中　　d_r——锚固剂直径，25mm；

　　　　d——锚杆杆体直径，22mm；

　　　　l_r——锚固剂长度。

经计算 $l_r = 0.326$m < 0.9m

根据式（6-7）反算出实际锚固长度 $l_a = 1.67$m>锚杆长度的 1/3。

根据《煤矿巷道锚杆支护技术规范》GB/T 35056—2018 中加长锚固要求，现场实际使用 2 支型号为 CKa2545 树脂锚固剂，锚固剂总长度为 $l_a = 0.9$m>0.346m，符合要求，实际锚固长度 $l_a = 1.67$m>锚杆长度的 1/3，锚固长度符合要求。

（2）帮部锚杆支护参数验算过程

采用锚网索永久支护，按悬吊理论、普氏自然平衡拱理论、组合拱理论计算锚杆、锚索参数，验算如下：

①锚杆长度验算见式（6-1），其中，$L_2 = H\tan\left(45° - \dfrac{\omega}{2}\right) = 0.539$，则 $L = 0.5 + 0.539 + 0.1 = 1.139$m。

根据《煤矿巷道锚杆支护技术规范》GB/T 35056—2018 中锚杆长度参考范围 1.6~3.0m，结合验算情况，现场实际选取锚杆长度 $L = 2.2$m>1.139m，符合要求。

②锚杆间距、排距验算见式（6-3），则 $\alpha = 2.901$m。

根据《煤矿巷道锚杆支护技术规范》GB/T 35056—2018 中锚杆间距、排距参考范围 0.6~1.5m，结合验算情况，现场实际选取间距、排距 $\alpha = 0.75 \times 0.8$m<1.5m<2.901m，符合要求。

③锚杆杆体直径验算见式（6-4），则 $d = 17.481$mm。

根据《煤矿巷道锚杆支护技术规范》GB/T 35056—2018 锚杆直径为 16~25mm，

结合验算情况，现场实际选取锚杆直径=22mm>17.5mm，符合要求。

④锚杆锚固长度计算见式（6-5）、式（6-6）。

需要锚固长度 $l_r = 0.326m < 0.9m$。

实际锚固长度 $l_a = 1.67m >$ 锚杆长度的1/3。

根据《煤矿巷道锚杆支护技术规范》GB/T 35056—2018中加长锚固要求，现场实际使用2支型号为CKa2545树脂锚固剂，锚固剂总长度为 $l_a = 0.9m > 0.346m$，符合要求，实际锚固长度 $l_a = 1.67m >$ 锚杆长度的1/3，锚固长度符合要求。

（3）锚索支护参数验算过程

巷道施工过程中，要采用锚索加强支护，锚索施工在两排锚杆之间，排距1600mm，间距1300mm。

①确定锚索长度

$$L = L_a + L_b + L_c + L_d \tag{6-7}$$

式中　　L ——锚索总长度（m）；

L_a ——锚索深入到稳定岩层的锚固长度（m）；

L_b ——需要悬吊的不稳定岩层厚度（m）（最大取顶板锚杆长度为2.4m）；

L_c ——托盘及锚具的厚度，取0.12m；

L_d ——需要外露的涨拉长度；取0.25m。

按《岩土锚杆与喷射混凝土支护工程技术规范》GB 50086—2015要求，锚索固定长度 L_a 按式（6-8）、式（6-9）计算结果最大值确定。

$$N_d \leqslant \frac{f_{mg}}{K} \pi D L_a \psi \tag{6-8}$$

$$N_d \leqslant f'_{ms} n \pi d L_a \xi \tag{6-9}$$

由式（6-8）、式（6-9）得 L_a 计算式（6-10）、式（6-11）。

$$L_a \geqslant \frac{K N_d}{f_{mg} \pi D \psi} \tag{6-10}$$

$$L_a \geqslant \frac{N_d}{f'_{ms} n \pi d \xi} \tag{6-11}$$

式中　　N_d ——锚索轴向拉力设计值，取500kN；

f_{mg} ——锚入稳定岩层区域围岩与锚固剂的极限粘结强度标准值，取3N/mm²（3MPa）；

f'_{ms} ——锚索与锚固剂的极限粘结强度标准值，取5N/mm²（5MPa）；

ψ ——锚固段长度对极限粘结强度的影响系数，锚固长度为2～3m时，影响系数范围为1.3～1.6，选取最小值为1.3；

ξ——采用 2 根或 2 根以上钢筋或钢绞线时，界面粘结强度降低系数，取 0.7~0.85，选取最小值为 0.7；

L_a——锚固段长度（m）；

D——锚杆锚固段钻孔直径，取 28mm；

d——锚索钢绞线直径，取 21.8mm；

K——锚固段注浆体与地层间的粘结抗拔安全系数，类似相似矿井取值 $K = 1.2$。

由式（6-10）计算得出

$$L_a \geqslant \frac{1.2 \times 500 \times 10^3}{3 \times \pi \times 28 \times 1.3} = 1748.955\text{mm} \approx 1.75\text{m}$$

由式（6-11）计算得出

$$L_a \geqslant \frac{500 \times 10^3}{5 \times 1 \times \pi \times 21.8 \times 1} = 1460.137\text{mm} \approx 1.46\text{m}$$

选计算最大值 $L_a = 1.75$m，并参照国内外成功经验，取锚固长度不小于 2m。

则 $L = 2 + 2.4 + 0.12 + 0.25 = 4.77$m。

根据《岩土锚杆与喷射混凝土支护工程技术规范》GB 50086—2015 要求算出锚固段长度为 1.75m，锚索长度为 4.77m，现场实际根据煤层厚度选取锚索总长度 L 均大于 5m，锚入稳定岩层 2m，满足要求。

②锚索数目确定

$$N = KW/P_{断} \tag{6-12}$$

式中　　N——锚索数目；

K——安全系数，一般取 1.5；

$P_{断}$——锚索最低破断力，583kN；

W——被吊煤层的自重（kN）。

$$W = B \sum h \sum rD \tag{6-13}$$

式中　　B——巷道掘进宽度，取最大宽度 4m；

$\sum r$——悬吊煤层平均密度，13.23kN/m³；

$\sum h$——悬吊煤层厚度，取 2.4m；

D——锚索排距，取 1.6m。

则 $W = 4 \times 2.4 \times 13.23 \times 1.6 = 203.21$kN。

$N = 0.68$ 根。

现场实际选取锚索数目 $N = 2 > 0.68$，符合要求。

七、掘进期间回风顺槽巷道支护参数设计

（1）顶板锚杆支护参数验算过程

采用锚网索永久支护，按悬吊理论、普氏自然平衡拱理论、组合拱理论计算锚杆、锚索参数，验算如下：

①锚杆长度验算见式（6-1），则 $L=0.5+1.301+0.1=1.901\text{m}$。

根据《煤矿巷道锚杆支护技术规范》GB/T 35056—2018 中锚杆长度参考范围 1.6~3.0m，结合验算情况，现场实际选取锚杆长度 $L=2.4\text{m}>1.901\text{m}$，符合要求。

②锚杆间距、排距验算见式（6-3），则 $\alpha=1.867\text{m}$。

根据《煤矿巷道锚杆支护技术规范》GB/T 35056—2018 中锚杆间距、排距参考范围 0.6~1.5m，结合验算情况，现场实际选取间距、排距 $\alpha=0.75\times0.8\text{m}<1.5\text{m}<1.867\text{m}$，符合要求。

③锚杆杆体直径验算见式（6-4），则 $d=17.481\text{mm}$。

根据《煤矿巷道锚杆支护技术规范》GB/T 35056—2018 锚杆直径 16~25mm，结合验算情况，现场实际选取锚杆直径 =22mm>17.5mm，符合要求。

④锚杆锚固长度计算见式（6-5）、式（6-6）。

需要锚固长度 $l_r=0.326\text{m}<0.9\text{m}$。

实际锚固长度 $l_a=1.67\text{m}>$锚杆长度的 1/3。

根据《煤矿巷道锚杆支护技术规范》GB/T 35056—2018 中加长锚固要求，现场实际使用 2 支型号为 CKa2545 树脂锚固剂，锚固剂总长度为 $l_a=0.9\text{m}>0.346\text{m}$，符合要求，实际锚固长度 $l_a=1.67\text{m}>$锚杆长度的 1/3，锚固长度符合要求。

（2）帮部锚杆支护参数验算过程

采用锚网索永久支护，按悬吊理论、普氏自然平衡拱理论、组合拱理论计算锚杆、锚索参数，验算如下。

①锚杆长度验算见式（6-1），则 $L=0.5+0.501+0.1=1.101\text{m}$。

根据《煤矿巷道锚杆支护技术规范》GB/T 35056—2018 中锚杆长度参考范围 1.6~3.0m，结合验算情况，现场实际选取锚杆长度 $L=2.2\text{m}>1.101\text{m}$，符合要求。

②锚杆间距、排距验算见式（6-3），则 $\alpha=3.009\text{m}$。

根据《煤矿巷道锚杆支护技术规范》GB/T 35056—2018 中锚杆间距、排距参考范围 0.6~1.5m，结合验算情况，现场实际选取间距、排距 $\alpha=0.75\times0.8\text{m}<1.5\text{m}<3.009\text{m}$，符合要求。

③锚杆杆体直径验算见式（6-4），则 $d=17.481\text{mm}$。

根据《煤矿巷道锚杆支护技术规范》GB/T 35056—2018 锚杆直径 16~25mm，

结合验算情况，现场实际选取锚杆直径 $d=22\text{mm}>17.5\text{mm}$，符合要求。

④锚杆锚固长度计算见式（6-5）、式（6-6）。

需要锚固长度 $l_r=0.326\text{m}<0.9\text{m}$。

实际锚固长度 $l_a=1.67\text{m}>$锚杆长度的 $1/3$。

根据《煤矿巷道锚杆支护技术规范》GB/T 35056—2018 中加长锚固要求，现场实际使用 2 支型号为 CKa2545 树脂锚固剂，锚固剂总长度为 $l_a=0.9\text{m}>0.346\text{m}$，符合要求，实际锚固长度 $l_a=1.67\text{m}>$锚杆长度的 $1/3$，锚固长度符合要求。

（3）锚索支护参数验算过程

巷道施工过程中，要采用锚索加强支护，锚索施工在两排锚杆之间，排距 1600mm，间距 1300mm。

①确定锚索长度，见式（6-7）~式（6-11）。

由式（6-10）计算得出：

$$L_a \geqslant \frac{1.2 \times 500 \times 10^3}{3 \times \pi \times 28 \times 1.3} = 1748.955\text{mm} \approx 1.75\text{m}$$

由式（6-11）计算得出：

$$L_a \geqslant \frac{500 \times 10^3}{5 \times 1 \times \pi \times 21.8 \times 1} = 1460.137\text{mm} \approx 1.46\text{m}$$

选计算最大值 $L_a=1.75\text{m}$，并参照国内外成功经验，取锚固长度不小于 2m。

则 $L=2+2.4+0.12+0.25=4.77\text{m}$。

根据《岩土锚杆与喷射混凝土支护工程技术规范》GB 50086—2015 要求算出锚固段长度为 1.75m，锚索长度为 4.77m，现场实际根据煤层厚度选取锚索长度 L 均大于 5m，锚入稳定岩层 2m，满足要求。

②确定锚索数目，见式（6-12）、式（6-13）。

则 $W=4\times2.4\times13.23\times1.6=203.21\text{kN}$。

$N=0.68$ 根。

现场实际选取锚索数目 $N=2>0.68$，符合要求。

八、掘进期间工作面切眼支护参数设计

（1）顶板锚杆支护参数验算过程

采用锚网索永久支护，按悬吊理论、普氏自然平衡拱理论、组合拱理论计算锚杆、锚索参数，验算如下：

①锚杆长度验算见式（6-1），$L=0.5+1.500+0.1=2.1\text{m}$，现场实际选取锚杆长度 $L=2.4\text{m}>2.1\text{m}$，符合要求。

②锚杆间距、排距验算见式（6-3），$\alpha=1.739$m，现场实际选取间距、排距 α = 0.75×0.8m<1.5m<1.739m，符合要求。

③锚杆杆体直径验算见式（6-4），$d=17.481$mm，现场实际选取锚杆直径 d = 22mm>17.5mm，符合要求。

④锚杆锚固长度计算见式（6-5）、式（6-6）。

需要锚固长度 $l_r=0.326$m<0.9m。

实际锚固长度 $l_a=1.67$m>锚杆长度的1/3。

根据《煤矿巷道锚杆支护技术规范》GB/T 35056—2018 中加长锚固要求，锚固长度符合要求。

（2）帮部锚杆支护参数验算过程

①根据式（6-1）计算得锚杆长度 L=0.5+0.501+0.1=1.101m，现场实际选取锚杆长度 L=2.2m>1.101m，符合要求。

②根据式（6-3）得锚杆间距、排距 α = 3.009m，现场实际选取间距、排距 α = 0.75×0.8m<1.5m<3.009m，符合要求。

③根据式（6-4）得锚杆杆体直径 d = 17.481mm，现场实际选取锚杆直径 d = 22mm>17.5mm 符合要求。

④根据式（6-5）、式（6-6）得锚杆锚固长度：需要锚固长度 l_r = 0.326m< 0.9m（2支树脂锚固剂型号为CKa2545，长度为0.9m）。

实际锚固长度 l_a = 1.67m>锚杆长度的1/3，符合要求。

（3）锚索支护参数验算过程

巷道施工过程中，要采用锚索加强支护，锚索施工在两排锚杆之间，排距1600mm，间距1300mm。

①确定锚索长度，见式（6-7）~式（6-11）。

由式（6-10）计算得出

$$L_a \geqslant \frac{1.2 \times 500 \times 10^3}{3 \times \pi \times 28 \times 1.3} = 1748.955\text{mm} \approx 1.75\text{m}$$

由式（6-11）计算得出

$$L_a \geqslant \frac{500 \times 10^3}{5 \times 1 \times \pi \times 21.8 \times 1} = 1460.137\text{mm} \approx 1.46\text{m}$$

选计算最大值 L_a =1.75m，并参照国内外成功经验，取锚固长度不小于2m。

则 L=2+2.4+0.12+0.25=4.77m。

根据《岩土锚杆与喷射混凝土支护工程技术规范》GB 50086—2015 要求算出锚固段长度为1.75m，锚索长度为4.77m，现场实际根据煤层厚度选取锚索长度 L

均大于 5m，锚入稳定岩层 2m，满足要求。

②确定锚索数目，见式（6-12）、式（6-13）。

则 $W = 6.5 \times 2.4 \times 13.23 \times 1.6 = 330.22$ kN。

N = 0.84 根。

现场实际选取锚索数目 $N = 4 > 0.84$，符合要求。

九、回采期间的支护设计

根据 835 工作面煤层顶底板条件，在开采 3 煤层时，采用全部垮落法。综采放顶煤工作面基本架选用 ZF4200/16/26 型液压放顶煤支架。

主要参数如下：

支护高度：1600~2600mm；

中心距：1500mm；

宽度：1430~1600mm；

额定初撑力：3956kN；

工作阻力：4200kN；

底板比压：1.28~0.8MPa（前端）；

支护强度：0.66~0.68 MPa。

端头支架选用 ZFG4600/17/28 型液压支架，参数如下：

支护高度：1700~2800mm；

支撑宽度：1.45~1.62m；

初撑力：3956kN；

工作阻力：4600kN；

底板比压：1.0 MPa；

支护强度：0.82~0.87MPa；

泵站额定液力：30MPa。

（1）工作面支护强度的计算

工作阻力：根据密度法计算。

$$P = HFY\,(Q+1)\times 10 \qquad\qquad (6-14)$$

式中　　P——支架所需工作阻力（kN）；

H——采空区顶板垮落高度（取 7m）；

Y——顶板岩石密度（取 2.4t/m³）；

Q——动载系数（取 1.3）；

F——支护面积（取 7.2m²）。

经计算得：$P = 2782.08$kN，即工作面合理工作阻力为 2782.08kN。

该面选用的支架工作阻力为 4200kN，满足要求。

（2）支护强度验算

$$P = 8 \times Y \times H = 8 \times 2.4 \times 2 \approx 0.38\text{MPa} \tag{6-15}$$

工作面合理的支护强度为 0.38MPa，而该支架的支护强度为 0.66～0.68MPa，所以基本能够满足要求。

（3）工作面支护方式

工作面支架中心距保持 1500±100mm，支架歪斜不超过±5°，支架仰俯角不超过 7°，架间距不超过 200mm。支架与输送机要保持垂直，偏差小于 5°，垂直顶底板支撑。泵站压力不小于 30MPa，支架初撑力不得低于泵站额定压力的 80%，前梁及顶梁接顶严密，受力状态良好。当支架上顶板冒高超过 300mm 时，应用木板梁接顶。相邻支架不得有明显错茬（不超过顶梁侧护板高的 2/3），顶板破碎或片帮时，及时超前移架，并及时伸出护帮板护实煤帮。工作面液压支架实行编号管理。

（4）超前支护

根据《国家煤矿安监局关于加强煤矿冲击地压防治工作的通知》（煤安监技装〔2019〕21 号）和《山东省煤矿冲击地压防治办法》（山东省人民政府令第 325 号）要求，835 工作面顺槽（弱冲击危险以及无冲击危险区域）超前支护距离不少于 120m。当回采过程中监测有冲击危险时应当及时增加支护强度，工作面顺槽超前支护优先选用超前支架。

顺槽超前支护采用单体液压支柱配合铰接顶梁支护，超前支护距离为 120m。超前支护以外的巷道若出现坠顶变形时应及时打点柱或架棚支护顶板。超前支护铰接顶梁之间配齐水平销，并将水平销用双股钢丝绑扎在顶梁或顶网上固定牢固；超前支护铰接顶梁断开处其搭接长度不小于 0.3m。轨道、皮带顺槽具体要求如下：

距工作面 20m 以内，使用 HDJA-1000 型铰接顶梁与悬浮式单体液压支柱配合打设三排超前支护，排距 1.0～1.2m，柱距 1.0m，超前支护与上下帮的间距不大于 1.0m。

距工作面 20～120m 段，使用 HDJA-1000 型铰接顶梁与悬浮式单体液压支柱配合打设两排超前支护，排距 2.0m（根据巷道空间调整），柱距 1.0m。本段如压力较大、顶板下沉时，在两排超前支护上方架设长 π 形钢梁（或工字钢），必须架设在每个铰接顶梁上方的正中间，垂直巷道两帮布置支护顶板。

根据工作面支架选型结果，两顺槽超前支架可以有效抵御开采期间的震动对巷道顶板的破坏，有利于安全生产。

十、采区准备巷道支护参数验算

巷道设计方案：-450 轨道大巷和皮带大巷沿 3 煤层底板岩层布置，均为岩石巷道，均采用半圆拱形断面，巷道净宽 3.7m，净高 3.25m，净断面积 10.6m²，巷道毛宽 3.9m，毛高 3.35m，掘进断面积 11.4m²；巷道采用锚网喷支护，锚杆规格 $\phi18mm×2200mm$，间距、排距 800mm×800mm，支护厚度 100mm。

支护材料：巷道顶板及巷帮锚杆均采用 $\phi18mm×1800mm$ 的等强螺纹钢式树脂锚杆，锚杆盘采用规格 100mm×100mm×10mm，锚杆锚固力不小于 83.3kN；锚索采用 $\phi15.24mm$ 低松弛预应力钢绞线截制而成，长度 5m，锚索的预紧力不小于 28MPa；顶部及两帮全部挂网，用 12 号镀锌钢丝双股连接；采用先锚后喷的方式，初喷厚度为 50~70mm，复喷后总厚度不低于 100mm；锚固剂采用 CKa2370、K2370、Z2370 三种型号。

顶板支护：锚杆每排 5 根，间距、排距 750mm×800mm，采用 2 支树脂锚固剂（CKa2370 与 K2370 各 1 支）进行锚固。锚索每排 2 根，间距、排距 1300mm×2400mm，每根锚索使用 3 支树脂锚固剂，从里向外依次是 CKa2370、K2370、Z2370 端头锚固。

两帮支护：锚杆每排 4 根，间距、排距 750mm×800mm，采用 2 支树脂锚固剂（CKa2370 与 K2370 各 1 支）进行锚固。

（1）顶板锚杆支护参数验算过程

采用锚网索永久支护，按悬吊理论、普氏自然平衡拱理论、组合拱理论计算锚杆、锚索参数，验算如下。

①锚杆长度验算见式（6-1）。

$$L=L_1+L_2+L_3$$

其中：$L_2=K\dfrac{B}{2f}$（当 $f>3$ 时采用该公式进行计算）

$$L_2=2×\dfrac{3.9}{8}=0.975m$$

则：$L=0.5+0.975+0.1=1.575m$，现场实际选取锚杆长度 $L=2.2m>1.575m$，符合要求。

②锚杆间距、排距验算见式（6-3），$\alpha=1.307m$，现场实际选取间距、排距 $\alpha=0.75×0.8m<1.307m<1.5m$，符合要求。

③锚杆杆体直径验算见式（6-4），$d=17.793mm$，现场实际选取锚杆直径=

18mm>17.793mm 符合要求。

④锚杆锚固长度计算见式（6-5）、式（6-6）。

需要锚固长度 $l_r = 0.411\text{m} < 2.1\text{m}$。

实际锚固长度 $l_a = 1.61\text{m} >$ 锚杆长度的 1/3。

根据《煤矿巷道锚杆支护技术规范》GB/T 35056—2018 中加长锚固要求，现场实际使用 CKa2370、K2370、Z2370 三支锚固剂，锚固剂总长度为 $l_a = 2.1\text{m} > 0.411\text{m}$，符合要求，实际锚固长度 $l_a = 1.61\text{m} >$ 锚杆长度的 1/3，锚固长度符合要求。

（2）帮部锚杆支护参数验算过程

采用锚网索永久支护，按悬吊理论、普氏自然平衡拱理论、组合拱理论计算锚杆、锚索参数，验算如下：

①根据式（6-1）得锚杆长度 $L = 0.5 + 0.975 + 0.1 = 1.575\text{m}$，现场实际选取锚杆长度 $L = 2.2\text{m} > 1.575\text{m}$，符合要求。

②根据式（6-3）得锚杆间距、排距 $\alpha = 1.3071\text{m}$，现场实际选取间距、排距 $\alpha = 0.75 \times 0.8\text{m} < 1.3071\text{m} < 1.5\text{m}$，符合要求。

③根据式（6-4）得锚杆杆体直径 $d = 17.793\text{mm}$，现场实际选取锚杆直径 $d = 18\text{mm} > 17.793\text{mm}$ 符合要求。

④根据式（6-5）、式（6-6）得锚杆锚固长度：所需锚固长度 $l_r = 0.411\text{m} < 2.1\text{m}$。

实际锚固长度 $l_a = 1.61\text{m} >$ 锚杆长度的 1/3。

根据《煤矿巷道锚杆支护技术规范》GB/T 35056—2018 中加长锚固要求，现场实际使用 CKa2370、K2370、Z2370 三支锚固剂，锚固剂总长度为 $l_a = 2.1\text{m} > 0.411\text{m}$，符合要求，实际锚固长度 $l_a = 1.61\text{m} >$ 锚杆长度的 1/3，锚固长度符合要求。

（3）锚索支护参数验算过程

巷道施工过程中，要采用锚索加强支护，锚索施工在两排锚杆之间，排距 1600mm，间距 1300mm。

①确定锚索长度见式（6-7）~式（6-11）。

由式（6-10）计算得出

$$L_a \geq \frac{1.2 \times 500 \times 10^3}{3 \times \pi \times 28 \times 1.3} = 1748.955\text{mm} \approx 1.75\text{m}$$

由式（6-11）计算得出

$$L_a \geq \frac{500 \times 10^3}{6 \times 1 \times \pi \times 15.24 \times 1} = 1740.539\text{mm} \approx 1.74\text{m}$$

选计算最大值 $L_a = 1.75m$，并参照国内外成功经验，取锚固长度不小于 2m。

则 $L = 2+2.2+0.12+0.25 = 4.57m$。

根据《岩土锚杆与喷射混凝土支护工程技术规范》GB 50086—2015 要求算出锚固段长度为 1.75m，锚索长度为 4.57m，现场实际根据煤层厚度选取锚索长度 L 均大于 5m，锚入稳定岩层 2.0m，满足要求。

②锚索数目确定见式（6-12）、式（6-13）。

则 $W = 6.5 \times 2.4 \times 13.23 \times 1.6 = 343.2kN$。

$N = 0.88$。

现场实际选取锚索数目 $N = 2 > 0.88$ 根，符合要求。

第四节　835 工作面巷道支护系统抗冲击能力分析

一、巷道当前支护系统抗冲击能力分析

研究表明：锚杆在产生极限变形破断前的能量消耗近似取 $E_g = 3.0kJ/$ 根，锚索取 $E_s = 5.0kJ/$ 根。

根据 835 工作面进风和回风顺槽支护设计可知：对顶板而言，每排有 6 根锚杆，2 根锚索，则其作用在破断前吸收的能量为：

$$E_r = (2 \times 6 \times E_g + 2 \times E_s)/(2a \times b) = (2 \times 6 \times 3.0 + 2 \times 5.0)/(1.6 \times 4.5) = 6.39kJ/m^2$$

a、b 分别是顶板锚杆排距和顶板宽度，E_r 为破断全部顶板锚杆锚索所需最小能量。

对顺槽帮部而言，每排有 3 根锚杆，则锚杆破断前吸收的能量为：

$$E_b = (3 \times E_g)/(a \times b) = (3 \times 3.0)/(0.8 \times 3.6) = 3.13kJ/m^2$$

巷道开挖后巷道周边岩体屈服厚度为 0.5~1.0m，假设屈服岩体范围等于岩体产生裂隙的范围，取岩体破裂厚度为 1.0m。本巷道煤层密度取 $1.35 \times 10^3 kg/m^3$，根据上述条件计算出发生冲击地压后巷道围岩表面岩体的动能为：

$$E_d = 0.5mv^2 = 0.5 \times 1.35 \times 10^3 v^2 = 0.675v^2 kJ/m^2$$

对于巷道顶板煤体，还必须考虑顶板煤体冲击过程中由于锚杆受拉延伸，顶板岩层下滑而释放的势能，以使用的高强锚杆的延伸率 15% 计算，锚杆极限位移 Δh 取 360mm，顶板煤块因冲击下滑而对支护系统施加的势能 E_h 为：$E_h = mg\Delta h$

式中 m 为参加冲击过程的顶板岩体质量。这里松动下沉岩层厚度仍然取 1m，经计算 $E_h = 4.76kJ/m^2$。

发生冲击的临界状态下，传递至顶板岩体中的动能和顶板岩体下沉的势能转移至支护系统，变为支护系统的弹性能，临界状态时，该能量正好达到支护系统的能量极限值，使支护系统完全失效。

顶板岩层对支护系统施加的能量为震源传来的动能和势能之和，即 $E = E_d + E_h = (0.675v^2 + 4.76)\ \text{kJ/m}^2$，而顶板支护系统的能量极限为 $E_r = 6.39\text{kJ/m}^2$，因 $E = E_r$，所以 $v = 1.55\text{m/s}$。

同理，对巷道帮部 $E_b = E$，得 $v = 2.15\text{m/s}$。

引起顶板围岩支护失效的最小速度为 $v = 1.55\text{m/s}$，帮部失效速度 $v = 2.15\text{m/s}$。所以，当受到动载扰动影响时顺槽顶板支护系统先于帮部发生失效，引起顶板支护失效的最小速度为 $v = 1.55\text{m/s}$，对应质点震动峰值速度为 0.775m/s。

由此可见，只要顶板支护系统吸收冲击动能和势能的能力满足要求，即可达到抵御冲击的条件。

根据王进强等研究成果《微地震震源地震波能量的计算方法》，微震能量计算公式如下：

$$E = \left(\frac{V}{K_1}\right)^{3/\alpha} \cdot r^3$$

式中　　V——质点峰值速度（cm/s）；

　　　　K_1——震源的能量特征系数，取 3.19；

　　　　E——微震事件能量（J）；

　　　　r——震源距（m）；

　　　　α——衰减系数，取 1.5。

锚杆支护系统包括支护体（锚杆、锚索）和护表体（金属网、钢带），其抗冲击能力是系统化的，不能仅仅依靠锚杆、锚索数量进行计算，必须考虑到护表体相对于支护体的刚度较弱对整个支护系统抗冲能力的弱化。取微震事件能量为：

$$E' = 0.1E$$

将 $V = 77.5\text{cm/s}$、$r = 10\text{m}$ 代入计算公式，得到微震事件能量 $E' = 5.902 \times 10^5\text{J}$。即支护系统可抵抗 10m 外发生的 $5.902 \times 10^5\text{J}$ 震动事件。

二、基于数值模拟的巷道支护体系防冲能力评价

为分析巷道在冲击荷载下的围岩和支护体系动力响应，采用数值模拟进行分析。经前文论证支护系统可以抵抗 10m 以外能量为 $1 \times 10^5\text{J}$ 的震动事件，超前支护距离和支护强度大，具备巷道稳定性的控制能力。因此，数值模拟考虑顶板 10m 处的冲击过程。因此，所建数值模拟模型如图 6-15、图 6-16 所示。

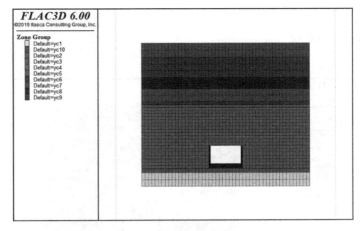

图 6-15　单元网格划分图

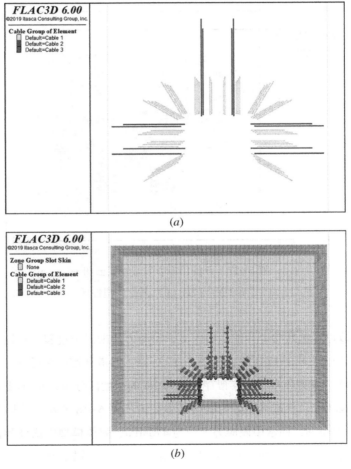

(a)

(b)

图 6-16　835 工作面冲击动力响应数值模型

（a）单元支护体系；（b）巷道近场围岩细化与单元连接关系

（1）数值模拟过程

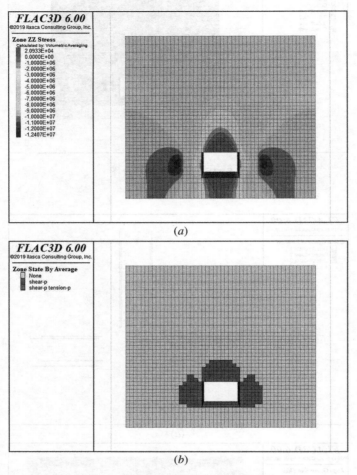

图 6-17 开挖后应力和塑性区云图

（a）开挖后应力；（b）开挖后塑性区

    数值模拟过程包括巷道开挖、锚固支护和动力冲击三个过程。巷道开挖后的应力和塑性区分布如图 6-17 所示。由图 6-17 可知，巷道开挖后在近场围岩中形成了典型的"蝶形"应力分布，在巷帮存在大约 2m 的塑性区分布，并有明显的大约 2m 深度的剪切破坏带。巷道锚固后的锚杆锚索应力如图 6-18 所示。锚固后锚杆中段应力大约为 450MPa，锚索中段应力大约为 470MPa，数值模型中锚杆和锚索的等效截面面积大约为 3.8cm^2，则锚杆的预应力大约为 165kN，锚索预应力大约为 200kN，与实际工程中的锚杆预应力 190kN 和锚索 200kN 预应力近似。

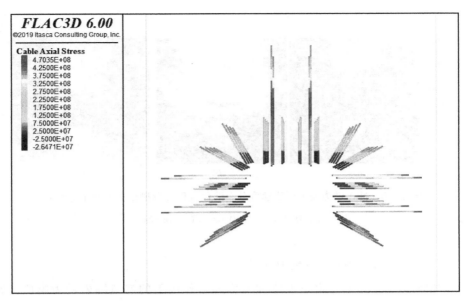

图 6-18 巷道锚固后的锚杆锚索应力分布云图

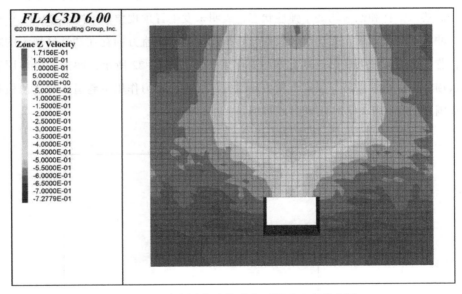

图 6-19 最大质点峰值速度下围岩速度分布图

经过试计算，得到巷道顶板存在最大质点速度，峰值速度大约为 0.775m/s，如图 6-19 所示，计算结果与理论速度 1.5m/s 近似，因此，数值模拟结果具有较好的可靠性。以模型为例，冲击动力波传播过程中，速度分布演化过程如图 6-20 所示。动力速度以近似放射状向围岩中传播，且在传播至巷道后，存在动力波的衍射现象。表面动力波传播过程具有很好的合理性。

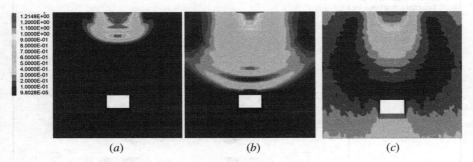

图 6-20 冲击动力波下围岩速度分布演化过程（顺槽正上方冲击过程）

(a) 0.04s；(b) 0.08s；(c) 0.12s

（2）冲击作用下巷道防冲能力分析

数值模拟中计算了巷道正上方和侧面冲击作用下的巷道围岩动力响应，如图 6-21（a）所示，在正上方冲击动力作用下，巷道顶板围岩在 0.2s 有最大峰值速度，大约为 0.5m/s，巷帮速度较小。冲击动力作用后，锚杆、锚索仍处于弹性状态。而巷帮锚杆和锚索均处于弹性状态，表明未发生冒顶现象。由图 6-21（b）可知，冲击动力作用后，在顶板和底板与巷帮相交处沿垂直方向存在塑性区增大的现象，巷帮未出现较大变形。侧上方冲击作用下，如图 6-22 所示，冲击动力作用下顶板锚杆发生塑性破坏，锚索未发生塑性破坏，冲击动力作用下巷道围岩在顶板和底板围岩中存在相对较小的塑性区扩展。

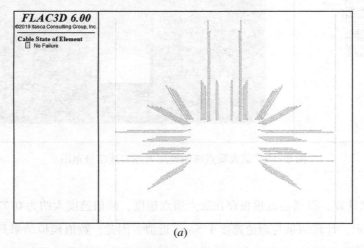

图 6-21 冲击动力波下围岩速度分布演化过程（顺槽正上方冲击过程）

(a) 冲击下锚杆锚索失效情况

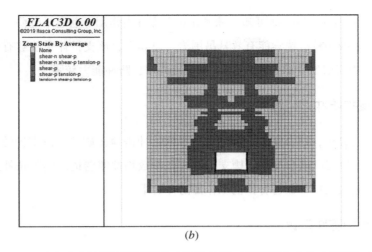

(b)

图 6-21　冲击动力波下围岩速度分布演化过程（顺槽正上方冲击过程）（续）

（b）冲击后围岩塑性区

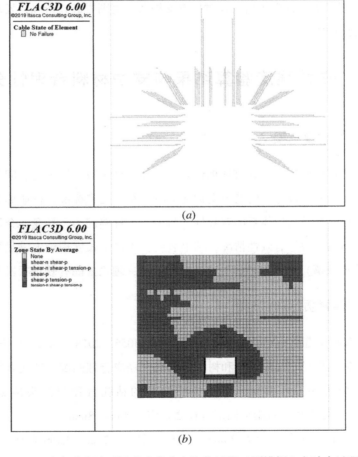

(a)

(b)

图 6-22　冲击动力波下围岩速度分布演化过程（顺槽侧上方冲击过程）

（a）冲击下锚杆锚索失效情况；（b）冲击后围岩塑性区

综合图 6-21 和图 6-22 可知，顺槽在正上方冲击作用下巷道最危险，而冲击动力作用下，顶板锚杆、锚索能有效悬吊围岩。总体上，该支护体系能够有效抵抗巷道 10m 处顶板岩层发生的 5.902×10^5 J 能量的冲击，防冲能力较强。

三、巷道支护防冲适用性评价

基于上述分析，结合国家及山东省关于强化冲击地压矿井巷道支护的规定，可知 835 工作面轨道顺槽和皮带顺槽支护形式和参数均按照巷道的实际条件进行了针对性设计。巷道支护参数符合当前工作面防冲要求。

四、巷道支护防冲建议

（1）定期安排专人观察顶板离层仪，发现离层仪指示标志进入红区时及时支设单体支柱加强支护。

（2）较强矿震事件发生后，及时检查支护及巷道围岩破碎情况，发现异常及时采取补强支护措施。

第五节　支护强度验算结果与支护材料合理性分析

一、支护强度验算结果

基于悬吊理论模型，对巷道顶板锚杆、帮部锚杆参数、锚固力、间距、排距进行验算。结果表明，该煤矿的巷道支护基本参数符合国家标准、行业标准和安监局标准。对该煤矿巷道支护体系的有效性分析中，锚杆锚固力、托盘、金属网、锚索锚固力和树脂粘结力等有效性情况，结果表明：①锚索长度理论上满足要求；②进风顺槽（轨道顺槽）和回风槽锚杆锚索支护合理，理论上能有效对围岩进行支护。

二、支护构件材质合理性分析

（1）《煤矿巷道锚杆支护技术规范》GB/T 35056—2018 第 4.2.15 条："螺纹钢树脂锚杆的钻孔直径、锚杆直径和树脂锚固剂直径应合理匹配，钻孔直径与锚杆杆体直径之差应为 6mm～10mm；圆钢树脂锚杆的钻孔直径与锚头顶宽之差应为 4mm～6mm；钻孔直径与树脂锚固剂直径之差应为 4mm～8mm。"

现场实际施工钻孔直径为 28mm，锚杆直径为 22mm，锚固剂直径为 23mm～25mm，符合要求。

（2）《国家煤矿安监局关于加强煤矿冲击地压防治工作的通知》（煤安监技装

〔2019〕21号）："合理选择巷道支护形式与参数。厚煤层沿底托顶煤掘进的巷道选择锚杆锚索支护时，锚杆直径不得小于22mm、屈服强度不低于500MPa、长度不小于2200mm，必须采用全长或加长锚固，锚索直径不得小于20mm，延展率必须大于5%，锚杆锚索支护系统应当采用钢带（槽钢）与编织金属网护表，托盘强度与支护系统相匹配，并适当增大护表面积，不得采用钢筋梯作为护表构件。……煤层埋藏深度超过800m的厚煤层沿底托顶煤掘进的巷道遇顶板破碎、淋水、过断层、过老空区、高应力区时，应当采用锚杆锚索和可缩支架（包括可缩性棚式支架、单体液压支柱和顶梁、液压支架等，下同）复合支护形式加强支护，并进行顶板位移监测，防止冲击地压与巷道冒顶复合灾害事故发生。"

实际支护材料中，锚杆由Q600号钢制作的等强预应力左旋无纵筋高强度金属杆体制作，屈服强度不小于500MPa，杆体延伸率达15%以上，采用两卷树脂药卷进行锚固，属于加长锚固；锚索采用 ϕ21.8mm 的钢绞线（1×19）制作，直径21.8mm，最大力总伸长率>5%，满足相关文件的要求。

三、锚网索支护施工工艺

（1）基本要求

①按锚杆设计排距，顶板掘进循环进尺一个排距；帮锚杆同时打设，不得滞后。

②铺网方式：从顶板中部向两边铺，两边网过肩窝，帮部网至底角。

③扭矩要求：顶锚杆钻机的输出扭矩应不小于120N·m，帮锚杆机具的输出扭矩应不小于60N·m；帮顶部锚杆最终安装扭矩要求不小于150N·m，扭矩不足时须进行人工二次加扭，滞后不得超过3天，须由专人实施。

④围绕钻孔成孔质量和锚杆安装质量来组织施工。

⑤根据顶板赋存和淋水情况，尽可能施工导水孔，集中排水。

（2）安装顶板锚杆

①进行临时支护：铺设菱形金属网、上钢带。

②打顶板锚杆孔：用单体锚杆钻机按钢带孔位打锚杆眼。巷道顶板锚杆长2400mm，采用直径为 ϕ28mm 的钻头、与锚杆等长的钻杆打眼。

③送树脂药卷：穿过钢带孔眼向锚杆孔装入两节 CKa2545 超快速树脂药卷，用组装好的锚杆慢慢将树脂药卷向孔底推入。

④搅拌树脂：用搅拌接头将钻机与锚杆销钉（堵头）螺母连接起来，然后升起钻机推进锚杆，至顶板岩面300~500mm时开始搅拌，缓慢升起钻机并保持搅拌30s后停机。

⑤紧固锚杆：50s后再次启动钻机边旋转边推进，锚杆螺母在钻机的带动下剪断定位销，托盘快速压紧顶板岩面，使锚杆具有较大的预拉力，钻机输出扭矩≥120N·m。

（3）安装帮部锚杆

①按设计部位打巷道帮锚杆孔：巷道帮部锚杆采用帮部锚杆钻机，与锚杆等长钻杆，ϕ28mm钻头。

②送树脂药卷：穿过钢带眼位向锚杆孔装入一节CKa2545超快速树脂药卷，用组装好的锚杆慢慢将树脂药卷推入孔底。

③搅拌树脂：用连接套将煤电钻或帮锚杆钻机与锚杆螺母连接起来，并将锚杆推入孔底，然后开动钻机边搅拌边推进，保持30s并推入孔底后停止。

④安装锚杆：50s后再次开动钻机，将螺母中的定位销剪断，托盘快速压紧岩面，安装完毕。

（4）安装顶板锚索

在工序方便的前提下快速完成单套锚索的施工安装，紧跟迎头施工：

①打顶板眼：按设计位置施工安装，排距1.6m，眼深根据现场实际情况确定5.0~10m。

②送树脂药卷：向孔内装入三支树脂锚固剂从里向外依次是CKa2370、K2370、Z2370，用钢绞线慢慢将树脂药卷推入孔底。

③搅拌树脂：用搅拌接头将单体锚杆钻机与钢绞线连接起来，然后升起钻机推进钢绞线，边搅拌边推进，直到推入孔底，停止升钻机搅拌20~30s后停机。

④拉钢绞线：1h后用张拉千斤顶张拉钢绞线，预紧力60~70kN。

⑤顶板锚索梁根据初期的矿压显现可以适当滞后。

安装完毕，进入下一循环。

（5）注意事项

①成孔质量包括三个方面：

a.孔直度要高，即接换钻杆时，应确保钻机位置不动，保持一条中心线；

b.孔深应准确，即要求采用与锚杆等长的钻杆完成钻孔，误差不能大于2cm；

c.孔壁要清洁，钻孔完成后，应反复冲刷直至孔内出清水，不留煤岩粉。

②保证锚杆具有较高的初锚力：

a.搅拌及时，匀速搅拌至孔底，并保证整个搅拌时间达到30s；

b.等待充分，确保50s后树脂凝固一次上紧；

c.掉顶处应及时采用各种规格的木楔调节，木楔位置必须放置在钢带和金属网之间，使金属网紧贴岩面；

d. 采用锚杆钻机检查螺母扭紧程度时，单体锚杆钻机不能继续转动；

e. 必须有专人对锚杆进行二次加扭，使锚杆的预紧力达到设计要求。

③锚杆安装合格应有以下几个标志：

a. 丝扣外露≤30mm，确保锚杆上紧时，仍留有丝扣；

b. 塑胶减摩垫圈严重变形或挤出；

c. 网应封闭顶帮岩煤体，金属网搭接长度为100mm，接扣间距≤50mm。

④锚索安装时注意事项：

a. 锚索钻孔的施工

（a）施工的过程中必须保证锚索钻孔三径（钻孔直径、锚索直径、药卷直径）合理匹配；

（b）孔深要适当，不得过深或过浅，保证钢绞线外露250~300mm；

（c）钻头直径为φ28mm，钻孔要直，施工过程中尽量不要晃动钻机，防止将钻孔扩张。

b. 安装药卷、锚索及搅拌时间

（a）锚索钻孔施工完毕后，立即安装1节K2550药卷加3节（或4节）Z2550药卷；

（b）树脂药卷安装后，推进钢绞线挤压树脂入孔底，再搅拌20~30s，保证钢绞线深入孔底；

（c）锚索锚固效果差时，可在锚索锚固段用一些细钢丝做成毛刺，成"∝"形，同时在锚固段底部加挡环，辅以搅拌药卷，保证药卷的搅拌均匀到位。

第六节　支护设计数值模拟分析

一、数值模拟模型的构建

根据某矿835工作面地质条件，建立如图6-23所示的数值计算模型，模型尺寸为25m×25m×10m（长×高×宽）。数值计算采用连续介质力学分析软件FLAC3D6.0，在FLAC3D6.0中生成矩形单元体作为基本模型单元。煤层及直接顶、直接底网格尺寸为0.25m，基本顶和基本底网格尺寸为0.25m，整个模型共有单元体1140000个，节点1173115个。本构模型选用摩尔-库仑模型，自上到下煤岩层分别为：中砂岩、粉砂岩、3煤、泥岩、粉砂岩。煤岩层力学参数见表6-14。

煤岩层力学参数   表 6-14

序号	岩性	层厚(m)	优化厚度(m)	密度(kg/m³)	剪切模量(GPa)	体积模量(GPa)	内聚力(MPa)	内摩擦角(°)	抗拉强度(MPa)
1	中砂岩	12.34	12.50	2430	3.26	5.76	2.82	30	1.74
2	粉砂岩	2.54	2.50	2551	7.90	10.50	4.60	34	2.14
3	3煤	7.30	7.25	1280	0.25	1.71	1.21	30	2.22
4	泥岩	0.73	0.75	2040	2.29	4.63	1.27	30	1.13
5	粉砂岩	5.30	5.50	2551	7.90	10.50	4.60	34	2.14

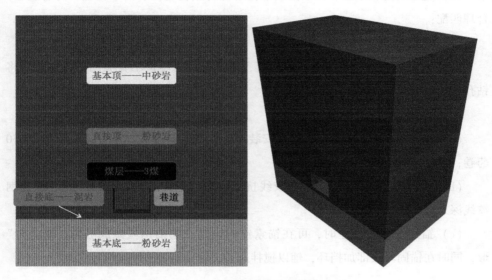

图 6-23　FLAC3D6.0 数值模型示意图

锚杆和锚索均采用结构单元中的 Cable 单元来模拟，顶板锚杆排距 0.8m，每排 6 根；两帮锚杆排距 0.8m，两帮每排均为 3 根；详细锚杆锚索支护参数见表 6-15。

锚杆锚索支护参数   表 6-15

序号	支护方案	支护构件	直径(mm)	长度(m)	杨氏模量(GPa)	抗拉强度(kN)	预紧力(kN)
1	设计方案	顶部锚杆	22	2.4	200	277	66.5
2		帮部锚杆	22	2.2	200	277	66.5
3		锚索	21.8	8	200	182	270

二、巷道应力分布对比

（1）支护前后垂直应力分布

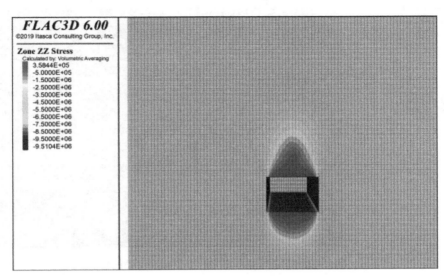

图 6-24 巷道开挖后垂直应力分布（支护前）

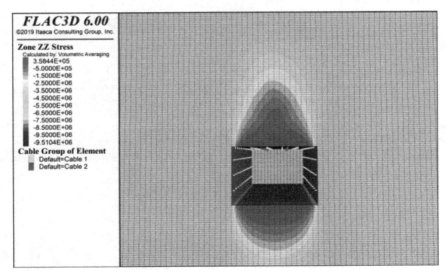

图 6-25 巷道支护后垂直应力分布（支护后）

由图 6-24、图 6-25 可以看出，巷道顶底板受垂直应力影响范围较大，两侧受垂直应力影响范围较小。支护前顶底板受垂直应力影响范围较大，支护后顶底板应力集中区域明显减小，且应力数值也有较为明显改善。

（2）支护前后水平应力分布

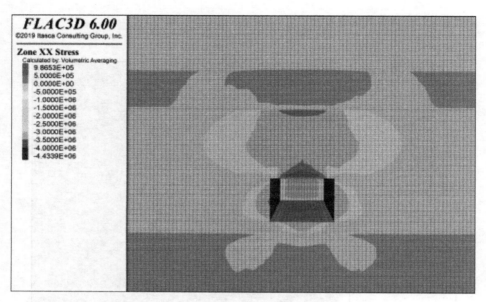

图 6-26 巷道开挖后水平应力分布（支护前）

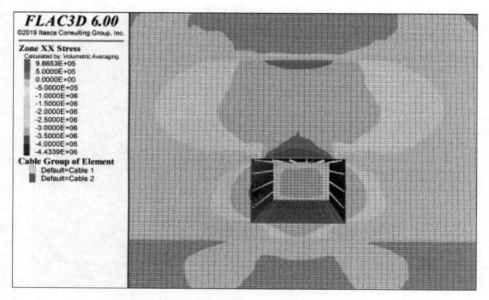

图 6-27 巷道支护后水平应力分布（支护后）

由图 6-26、图 6-27 可以看出，巷道顶底板受垂直应力影响范围较大，两侧受垂直应力影响范围较小。支护前顶底板受垂直应力影响范围较大，支护后顶底板应力集中区域明显减小，且应力数值也有较为明显改善。

结论：由于埋深较浅，且受断层及构造应力影响，该处巷道开挖后水平应力大于垂直应力，巷道两帮及顶底板均受水平应力影响较大，根据最大水平应力理论，巷道受到的破坏主要是水平应力。支护前后巷道应力影响范围有了明显的减小，应力环境得到了改善，说明支护方案较为合理。

三、巷道塑性区对比

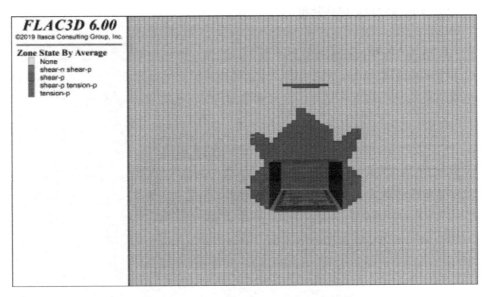

图 6-28　巷道开挖后塑性区分布（支护前）

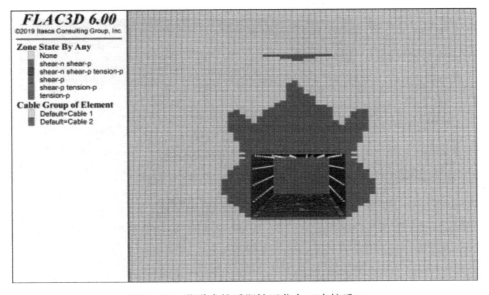

图 6-29　巷道支护后塑性区分布（支护后）

由图 6-28、图 6-29 可以看出，巷道顶底板受剪切应力影响范围较大，两侧受剪切应力影响范围较小。支护前顶底板受剪切应力影响范围较大，支护后顶底板剪切应力破坏区域明显减小，且应力环境也有较为明显改善。

四、巷道顶底板位移分析

（1）支护前后垂直位移分布

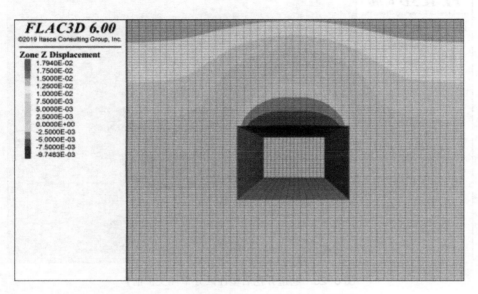

图 6-30 巷道开挖后垂直位移分布（支护前）

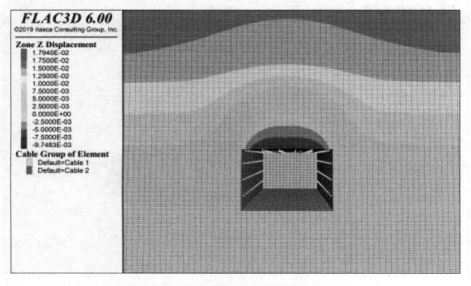

图 6-31 巷道支护后垂直位移分布（支护后）

由图6-30、图6-31可以看出，巷道顶底板受垂直应力影响范围较大，两侧受垂直应力影响范围较小。支护前顶底板受垂直应力影响范围较大，顶板位移量较大，最大位移量为170mm，支护后顶板位移量最大为50mm，顶板稳定性有了明显改善。

（2）支护前后水平位移分布

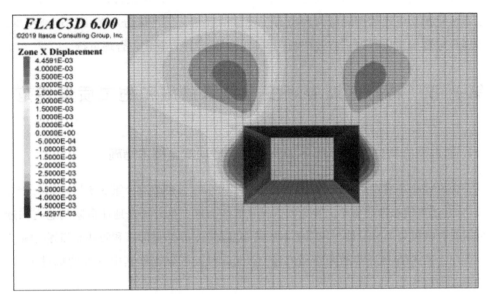

图6-32　巷道开挖后水平位移分布（支护前）

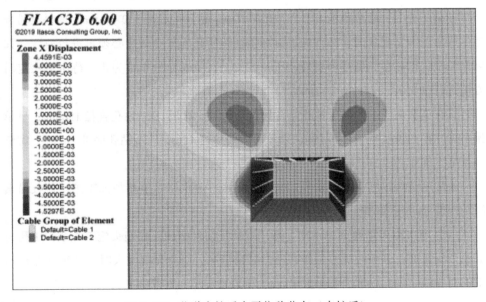

图6-33　巷道支护后水平位移分布（支护后）

由图 6-32、图 6-33 可以看出，巷道顶底板受水平应力影响范围较大，两侧受水平应力影响范围较大。支护前顶板受水平应力影响范围较大，支护后顶底板应力集中区域明显减小，且应力数值也有较为明显改善。

（3）小结

经过对巷道支护前后的应力、塑性区、位移等主要指标进行数值模拟分析，可以看出支护后巷道周围的应力环境有了明显的改善，塑性区分布范围也逐渐减少，巷道位移变形量也得到了有效控制，说明该支护设计方案比较合理可行。

第七节　特殊区域专项安全技术措施和施工质量规范

一、掘进期间贯通及过断层等地质异常带专项安全技术措施

根据《山东省煤矿冲击地压防治办法》（山东省人民政府令第 325 号）第三十九条："巷道贯通和错层交叉位置应当选择在低应力区；具有冲击地压危险的巷道临近贯通或者错层交叉 50m 前，应当采取加强巷道支护、预防性卸压和防冲监测等措施。"

（1）在相向掘进巷道距贯通点还有 150m 时，需要暂停其中一方的掘进工作，不得双向对掘。

（2）迎头距离贯通点 50m 时，应采取如下防冲措施：

①采用钻屑法每天对迎头、巷帮及贯通点位置进行 1 次煤粉量监测，迎头及贯通点处施工 1 个、两帮各施工 1 个，孔深 10m，钻孔距底板 1.0~1.5m。如果煤粉量超标或出现卡钻现象时，必须先进行卸压，卸压孔施工完毕后必须再进行监测，如果煤粉量仍然超标，则必须增加卸压孔数量，直至煤粉量正常为止，待压力稳定后方可进行施工。

②在迎头施工 2 个卸压钻孔，孔深 20m，钻孔间距 1m，钻孔直径 150mm，呈单排布置，距巷道底板 1.0~1.5m；迎头每向前掘进 12m，即距钻孔底部 8m 时，需要重新施工卸压孔。

③加密顶板锚索支护，在两排锚索中间加打一根锚索进行加强支护，顶板锚索间距根据巷道宽度适当调整。

（3）迎头距离贯通点 30m 时，应采取如下防冲措施：在迎头施工 2 个卸压孔与贯通位置打通，并随时观察工作面压力显现情况，压力显现较大时，必须立即撤出工作面 300m 以外，待时间超过 30min，压力稳定后，方可施工。

（4）迎头距离贯通点 20m 时，应采取如下防冲措施：停止迎头及贯通点煤粉监

测，巷道两帮正常监测。在距离贯通点位置60m位置打设栅栏并设置警示标志。

（5）贯通点检测期间在掘迎头严禁装药放炮。

（6）其他安全技术措施。

①切实加强每一根锚杆锚索的施工质量，从打眼角度、深度、树脂药卷的数量质量、钻机输出扭矩等各个环节落实到位，初锚力、锚固力必须达到设计要求；

②物料必须码放整齐，施工设备靠巷帮摆正放稳，不得影响行人畅通；

③根据矿压观测设计要求及时安装齐全矿压观测仪器，并有专人观测记录，并将观测情况向技术科及时汇报；

④每班设安全检查员对试验巷段后巷进行巡回检查，发现围岩变形量较大，变形速度明显增大，顶板出现裂隙，顶帮出现渗、滴、淋水等支护效果不力的情况时，必须汇报技术科，由技术部门组织人员视现场实际研究决定具体实施对策；

⑤对于试验巷道后方发现有锚杆、锚索被剪断、拉断或"脱臼"（即锚杆被抽脱钢带）等现象应及时补打；

⑥地测部门每20m施工一顶板围岩探查孔，探明顶板围岩的变化情况，以保证锚索长度的有效确定；

⑦构造带、顶板破碎带、淋水段、变形较大段等特殊地段，采用加补锚索、套棚加固补强等措施。

二、锚网索支护施工质量标准及检测要求

（1）打设锚杆：顶部锚杆从巷道中间向两侧按375mm间距打设中间2根锚杆，然后向两肩按750mm间距施工。肩窝的锚杆要与顶板的夹角成不小于75°向外侧打设，其他的垂直顶板，最外侧锚杆距帮不大于200mm，否则必须补打锚杆。帮部锚杆必须从肩窝以下200mm处开始打设，底脚的锚杆要与两帮的夹角成不小于75°向下打设，其他的垂直两帮。顶部锚杆采用2支树脂锚固剂固定（型号为CKa2545），锚杆锚固力不小于122kN，使用LDZ-300煤矿用锚杆拉力计拉拔不小于37MPa，使用扭力扳手检测力矩不小于280N·m；帮部锚杆采用1支树脂锚固剂固定（型号为CKa2545），锚杆锚固力不小于100kN，使用LDZ-300煤矿用锚杆拉力计拉拔不小于31MPa，使用扭力扳手检测力矩不小于280N·m。煤层松软、顶板压力大时，排距改为600mm。锚杆钻孔角度与设计角度偏差不大于5°。两帮锚杆最下一根距底板不得超过500mm，超过时，要及时挂网打设锚杆（表6-16、表6-17）。

（2）打设锚索：锚索支护，沿巷道掘进方向横向布置，排距1.6m一组，每组2根，锚索间距中至中1.3m。锚索钢绞线长度要根据煤层厚度情况及时增减（最短不得小于5m，最长不得大于10m），保证锚索锚入巷道煤层顶板以上稳定岩石深度

不少于 2m；当 10m 的锚索不能保证锚入煤层以上岩石 2m 时，要支设抬棚加强支护。锚索要垂直于顶板，角度误差不超过 3°。预紧力不小于 38MPa（YCD-290-1 矿用锚索涨拉机具拉拔），每孔装入树脂锚固剂从里向外依次是 CKa2370、K2370、Z2370。锚索要编号管理，及时填写锚索检测记录簿，记录内容有时间、地点、班组、钻机手、班长、验收员、安监员等，上述人员要在记录簿上签字。迎头施工完毕或记录簿用完后由验收员负责收集并上交工区保存备查。

（3）树脂锚固剂必须逐一顶入，锚杆、锚索安装前必须用压风将锚杆（索）孔吹洗干净，并且打一眼锚一眼，从外向里逐排进行。

（4）所用锚杆、锚索材质及规格长度必须符合设计要求。

（5）锚杆（索）托盘要紧贴煤岩面，锚杆露出螺母长度为 10~100mm，锚索露出锁具长度为 150~250mm。锚杆、锚索间距、排距偏差-100~100mm（表6-16、表6-17）。

（6）上锚索托盘时，若煤岩面不平要用镐处理平整，以确保锚索垂直于顶板。

（7）锚杆和锚索要紧固有效，发现托盘断裂、锁具失效，要及时更换紧固或重新补打。

回风顺槽支护标准　　　　　　　表 6-16

项　目		部　位		设计标准	质量标准允许误差	备注
主要项目	1.巷道净宽	中线至左帮		1900mm	0~50mm	
		中线至右帮		1900mm	0~50mm	
	2.巷道净高	无腰线全高		2500mm	-50~200mm	
	3.锚杆设计锚固力			顶 122kN（37MPa） 帮 100kN（31MPa）	顶≥122kN（37MPa） 帮≥100kN（31MPa）	
	4.螺母扭矩			280N·m	≥280N·m	
	5.锚杆间距、排距及外露长度	顶部	间距	750mm	±100mm	
			排距	800mm	±100mm	
		帮部	间距	750mm	±100mm	
			排距	800mm	±100mm	
		外露		10~100mm		
一般项目	1.锚杆规格	顶部		$\phi22mm \times 2400mm$		
		帮部		$\phi22mm \times 2200mm$		
	2.锚索规格	直径		21.8mm		
	3.锚索锚固力（预紧力）			38MPa	≥38MPa	

项目		部位		设计标准	质量标准允许误差	备注
主要项目	1.巷道净宽	中线至左帮		1900mm	0~50mm	
		中线至右帮		1900mm	0~50mm	
	2.巷道净高	无腰线全高		2700mm	−50~200mm	
	3.锚杆设计锚固力			顶 122kN（37MPa） 帮 100kN（31MPa）	顶≥122kN（37MPa） 帮≥100kN（31MPa）	
	4.螺母扭矩			280N·m	≥280N·m	
	5.锚杆间距、排距及外露长度	顶部	间距	750mm	±100mm	
			排距	800mm	±100mm	
		帮部	间距	750mm	±100mm	
			排距	800mm	±100mm	
		外露		10~100mm		
一般项目	1.锚杆规格	顶部		ϕ22mm×2400mm		
		帮部		ϕ22mm×2200mm		
	2.锚索规格	直径		21.8mm		
	3.锚索锚固力（预紧力）			38MPa	≥38MPa	

巷道掘进过程中若遇断层、压梁、滑纹或破碎带，造成顶板破碎位置压力显现大或有淋水现象时，必须根据现场情况，及时加强支护。

三、锚网索支护施工质量检测要求

1. 检测职责

锚杆支护施工质量检测由煤矿相关部门负责，各矿应配备专职施工质量检测人员。

2. 检测内容

锚杆支护施工质量检测的内容包括锚杆孔施工质量、锚杆锚固力、锚杆安装几何参数、锚杆预紧力矩、锚杆托盘安装质量、组合构件和护网及护板安装质量、喷射混凝土的强度和喷层厚度。

3. 检测要求

（1）锚杆孔施工质量检测

①锚杆孔施工质量检测包括锚杆孔直径检测和锚杆孔深度检测，检测抽样率分别为锚杆孔数的 3% 并按每 300 个顶、帮锚杆孔各抽样一组（共 9 根）进行检查，

不足 300 个孔时，视作 300 个孔作为一个抽样组。

②应采用钻孔孔径测量仪等检测锚杆孔直径。

③应采用钻孔深度测量杆等检测锚杆孔深度。

（2）锚杆锚固力检测

锚杆锚固力检测应符合以下规定：

①锚杆锚固力检测应采用锚杆拉拔试验进行。

②锚杆锚固力检测抽样率为 3%并按每 300 根顶、帮锚杆各抽样一组（共 9 根）进行检查，不足 300 根时，视作 300 根作为一个抽样组。

（3）锚杆安装几何参数检测

①锚杆安装几何参数检测内容包括锚杆间距、排距和锚杆安装角度。

②锚杆安装几何参数检测范围不小于 15m，检测点数应不少于 3 个。

③锚杆间距和排距采用钢卷尺测量呈四边形布置的 4 根锚杆之间的距离。

④锚杆安装角度采用半圆仪等测量。

（4）锚杆预紧力矩检测

锚杆预紧力矩检测应符合以下规定：

①锚杆预紧力矩检测抽样率为 5%，每 300 根顶、帮锚杆各抽样一组（共 15 根）进行检测，不足 300 根时，视作 300 根作为一个抽样组。

②锚杆预紧力矩采用力矩扳手检测。

（5）锚杆托盘安装质量检测

锚杆托盘安装质量检测应符合以下规定：

①锚杆托盘安装质量检测范围不小于 15m，检测点数应不少于 3 个。每个测点应以一排锚杆为一组进行检测。

②锚杆托盘安装质量检测用目测观察法进行，检测过程中，用手锤敲击托盘，观察其是否与相接构件紧密接触。

（6）组合构件、护网及护板安装质量检测

组合构件、护网及护板安装质量检测应符合以下规定：

①组合构件、护网及护板安装质量检测范围不小于 15 m。

②钢带、钢筋托梁、钢护板及护网与巷道表面紧贴程度用现场目测观察法检测，网片搭接长度用钢卷尺测量。

（7）喷射混凝土的强度和喷层厚度检测

喷射混凝土检测按《岩土锚杆与喷射混凝土支护工程技术规范》GB 50086—2015 相关规定进行。

4. 检测标准

（1）锚杆孔施工质量评定

锚杆孔直径和深度经检测符合要求为合格，若每项检测中有一个锚杆孔不符合规定，应重新抽样检测，如重新检测的该项符合要求为合格，如仍不合格则判该项为不合格。

（2）锚杆安装质量评定

①锚杆锚固力均不低于设计锚固力为合格，若有一根低于设计锚固力，应重新抽样检测，如重新检测的锚杆锚固力均不低于锚杆设计锚固力为合格，如仍有一根不合格则判锚杆安装质量为不合格。

②锚杆安装几何参数检测结果符合规定为合格，若有一项不符合规定，应重新抽样检测，如重新检测的该项符合规定为合格，如仍不合格则判该项为不合格。

③锚杆预紧力矩不低于设计预紧力矩的 90% 为合格。

④紧贴钢带、钢筋托梁、护网或巷道围岩表面的托板数量占总检测数量的 90% 以上为合格。

⑤钢带、钢筋托梁、钢护板、护网与巷道表面贴紧长度不低于 70% 为合格；采用搭接方式连接的网，搭接长度不小于设计值的 90% 为合格。

（3）喷射混凝土质量评定

喷射混凝土质量评定方法按《岩土锚杆与喷射混凝土支护工程技术规范》GB 50086—2015 相关规定进行。

四、锚网索支护施工质量检测不合格处理方法

锚杆支护质量达不到合格标准要求时，应及时采取补强措施，补强后的巷道应对其工程质量重新进行质量评定。

五、锚网索支护施工质量监测

1. 监测类型

锚杆支护监测分为综合监测和日常监测，综合监测的目的是验证或修正锚杆支护初始设计，评价和调整支护设计；日常监测的目的是及时发现异常情况，采取必要措施，保证巷道安全。

2. 监测内容

综合监测的主要内容为巷道表面位移、围岩深部位移、顶板离层、锚杆工作载荷、锚索工作载荷及喷层受力；日常监测主要内容为顶板离层。

3. 测站安设与保护

（1）锚杆支护巷道应安设综合监测站，测站数量应根据巷道长度及围岩条件确定；每间隔一定距离安设一个顶板离层指示仪进行日常监测，间隔距离应根据巷道围岩条件确定。当围岩地质和生产条件发生显著变化时，应增减测站和顶板离层指示仪的数目；复杂地段应安设顶板离层指示仪。测站和顶板离层指示仪安设时应紧跟掘进工作面。

（2）测站安设后，如后续进行喷射混凝土施工，应对已安设的测站采取有效的保护措施。

（3）绘制测站位置和仪器分布图。

（4）应绘制综合测站的位置和仪器分布图，测站的监测仪器应专门编号，以便测读时识别。

（5）应绘制日常监测顶板离层指示仪位置，并进行编号。

4. 综合监测

（1）巷道表面与深部位移监测

①巷道表面位移监测内容包括顶底板相对移近量、顶板下沉量、底鼓量、两帮相对移近量和巷帮位移量。

②一般采用十字布点法安设测站，每个测站应安设两个监测断面，监测断面间距应不大于两排锚杆距离，测点应安设牢固。

③巷道顶板围岩深部位移观测范围不小于巷道跨度的 1.5 倍，孔内测点数不少于 4 个。

（2）巷道顶板离层监测

不能进行有效测读的顶板离层指示仪应立即更换，如果不能安装在同一钻孔中，应靠近原位置钻一新孔进行安设，原指示仪更换后，要记录其读值，并标明已被更换。新指示仪的基点安设层位与高度应与原测点一致。

（3）锚杆、锚索工作载荷监测

①加长或全长锚固锚杆工作载荷采用测力锚杆等监测，端头锚固锚杆的工作载荷采用锚杆测力计等监测。

②锚索工作载荷采用锚索测力计等监测。

③锚杆、锚索工作载荷监测仪器应在锚杆、锚索支护施工过程中安设。

（4）喷射混凝土受力监测

①喷射混凝土受力监测内容包括喷层轴向应力、径向应力和切向应力。

②采用混凝土应力计监测喷射混凝土受力。

③混凝土应力计应在喷射混凝土施工过程中安设。

（5）日常监测

①锚杆支护巷道都应进行日常监测，监测内容为巷道顶板离层。

②观测频度。

a. 岩巷距掘进工作面 100m 内，综合测站仪器与日常监测顶板离层仪的观测频度每天应不少于一次。

b. 煤层大巷距掘进工作面 50m 内，综合测站仪器与日常监测顶板离层仪的观测频度每天应不少于一次。

c. 回采巷道距掘进工作面 50m 内和回采工作面 100m 内，综合测站仪器与日常监测顶板离层仪的观测频度每天应不少于一次。

d. 在以上三种规定范围以外，观测频度可为每周一次。如果离层有明显增长，则视情况增加观测次数。

第八节　深部围岩变形量观测结果

一、观测目的

为检验 835 工作面锚网索巷道支护体系的支护效果，在 835 进风顺槽安装多点位移计，进行观测并分析围岩松动圈及离层情况。

二、观测内容

（1）观测围岩松动圈及巷道深部位移。

（2）巷道顶板离层情况。

三、测站布置及观测方案

（1）测站布置

835 轨道顺槽顶板位置安设顶板离层多点位移计 3 组，主要监测巷道围岩离层及裂隙发育情况。每组监测仪设 5 个测点，布置在一个钻孔内，分别位于钻孔内深度 2m、4m、6m、8m、10m 位置。多点位移计安装于巷道顶板中部位置和巷道回采侧巷道中部或煤层中部位置。分别垂直于顶板和煤壁，每间隔 100m 布置一组多点位移计。在每一个测站进行上述二、观测内容的观测。分别进行掘进阶段观测和回采阶段矿压观测。测站布置如图 6-34 所示。

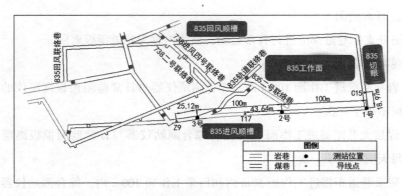

图 6-34   测站布置示意图

（2）观测巷道深部位移

一个测站布置 1 个观测断面，每个断面两个观测点（图 6-35）。

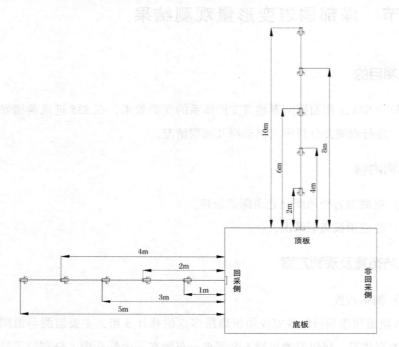

图 6-35   巷道深部位移及顶板离层观测基点布置示意图

四、数据观测及分析

（1）数据观测记录

安装完毕后对多点位移计定期进行观测，每 5 天观测 1 次，连续观测一个月，并将观测的数据记录存档，整理数据，见表 6-18～表 6-23。

位置：C15 导线点后 18.97m

顶板1号多点位移计观测数据表

表6-18

日期	天数	2m 基点位移量	变化量	4m 基点位移量	变化量	6m 基点位移量	变化量	8m 基点位移量	变化量	10m 基点位移量	变化量
示例	0	初始位移量 20mm	Δ2m	初始位移量 40mm	Δ4m	初始位移量 60mm	Δ6m	初始位移量 80mm	Δ8m	初始位移量 100mm	Δ10m
示例	5	20mm	0mm	41mm	1mm	60mm	0mm	80mm	0mm	100mm	0mm
示例	10	20mm	0mm	42mm	1mm	62mm	2mm	80mm	0mm	100mm	0mm
	0	初始位移量 355mm	Δ2m	初始位移量 335mm	Δ4m	初始位移量 365mm	Δ6m	初始位移量 345mm	Δ8m	初始位移量 355mm	Δ10m
	5	319mm	36mm	297mm	38mm	326mm	39mm	306mm	39mm	316mm	39mm
	10	277mm	42mm	256mm	41mm	289mm	37mm	263mm	43mm	271mm	45mm
	15	247mm	30mm	219mm	37mm	245mm	44mm	223mm	40mm	232mm	39mm
	20	232mm	15mm	209mm	10mm	237mm	8mm	216mm	7mm	226mm	6mm
	25	220mm	12mm	199mm	10mm	228mm	9mm	208mm	8mm	219mm	7mm
	30	219mm	1mm	197mm	2mm	226mm	2mm	205mm	3mm	214mm	5mm
合计		2m 基点位移量 136mm		4m 基点位移量 138mm		6m 基点位移量 139mm		8m 基点位移量 140mm		10m 基点位移量 141mm	
备注	检测人：								记录人：		

表6-19

顶板2号多点位移计观测数据表

位置：T17导线点前 43.64m

日期	天数	2m基点位移量	变化量	4m基点位移量	变化量	6m基点位移量	变化量	8m基点位移量	变化量	10m基点位移量	变化量
示例	0	初始位移量 20mm	Δ2m	初始位移量 40mm	Δ4m	初始位移量 60mm	Δ6m	初始位移量 80mm	Δ8m	初始位移量 100mm	Δ10m
示例	5	20mm	0mm	41mm	1mm	60mm	0mm	80mm	0mm	100mm	0mm
示例	10	20mm	0mm	42mm	1mm	62mm	2mm	80mm	0mm	100mm	0mm
	0	初始位移量 219mm	Δ2m	初始位移量 211mm	Δ4m	初始位移量 210mm	Δ6m	初始位移量 209mm	Δ8m	初始位移量 225mm	Δ10m
	5	217mm	2mm	209mm	3mm	207mm	3mm	206mm	3mm	222mm	3mm
	10	216mm	1mm	207mm	2mm	205mm	2mm	202mm	4mm	219mm	3mm
	15	215mm	1mm	206mm	1mm	203mm	2mm	199mm	3mm	216mm	3mm
	20	215mm	0mm	205mm	1mm	202mm	1mm	197mm	2mm	214mm	2mm
	25	215mm	0mm	205mm	0mm	202mm	0mm	198mm	1mm	213mm	1mm
	30	215mm	0mm	205mm	0mm	205mm	0mm	198mm	0mm	213mm	0mm
	合计	2m基点位移量 4mm		4m基点位移量 7mm		6m基点位移量 8mm		8m基点位移量 13mm		10m基点位移量 12mm	
备注											

检测人：　　　　　记录人：

位置：Z9 导线点前 25.12m

顶板3号多点位移计观测数据表

表6-20

日期	天数	2m 基点位移量	变化量	4m 基点位移量	变化量	6m 基点位移量	变化量	8m 基点位移量	变化量	10m 基点位移量	变化量
示例	0	初始位移量 20mm	Δ2m	初始位移量 40mm	Δ4m	初始位移量 60mm	Δ6m	初始位移量 80mm	Δ8m	初始位移量 100mm	Δ10m
示例	5	20mm	0mm	41mm	1mm	60mm	0mm	80mm	0mm	100mm	0mm
示例	10	20mm	0mm	42mm	1mm	62mm	2mm	80mm	0mm	100mm	0mm
	0	初始位移量 243mm	Δ2m	初始位移量 234mm	Δ4m	初始位移量 240mm	Δ6m	初始位移量 206mm	Δ8m	初始位移量 105mm	Δ10m
	5	220mm	23mm	210mm	24mm	214mm	26mm	179mm	27mm	78mm	27mm
	10	191mm	29mm	181mm	29mm	185mm	29mm	149mm	30mm	49mm	29mm
	15	175mm	16mm	163mm	18mm	166mm	19mm	131mm	18mm	31mm	18mm
	20	173mm	2mm	161mm	2mm	164mm	2mm	128mm	3mm	29mm	2mm
	25	172mm	1mm	160mm	1mm	163mm	1mm	127mm	1mm	27mm	2mm
	30	172mm	0mm	160mm	0mm	163mm	0mm	127mm	0mm	27mm	0mm
	合计	2m 基点位移量	71mm	4m 基点位移量	74mm	6m 基点位移量	77mm	8m 基点位移量	79mm	10m 基点位移量	78mm

备注：

检测人：　　　　记录人：

位置：C15 导线点后 18.97m

回采侧帮部1号多点位移计观测数据表

表6-21

日期	天数	1m基点位移量	变化量	2m基点位移量	变化量	3m基点位移量	变化量	4m基点位移量	变化量	5m基点位移量	变化量
示例	0	初始位移量20mm	Δ1m	初始位移量40mm	Δ2m	初始位移量60mm	Δ3m	初始位移量80mm	Δ4m	初始位移量100mm	Δ5m
示例	5	20mm	0mm	41mm	1mm	60mm	0mm	80mm	0mm	100mm	0mm
示例	10	20mm	0mm	42mm	1mm	62mm	2mm	80mm	0mm	100mm	0mm
	0	初始位移量266mm	Δ1m	初始位移量262mm	Δ2m	初始位移量255mm	Δ3m	初始位移量235mm	Δ4m	初始位移量245mm	Δ5m
	5	264mm	2mm	259mm	3mm	252mm	3mm	231mm	4mm	240mm	5mm
	10	263mm	1mm	257mm	2mm	249mm	3mm	228mm	3mm	236mm	4mm
	15	262mm	1mm	256mm	1mm	247mm	2mm	225mm	3mm	233mm	3mm
	20	262mm	0mm	255mm	1mm	247mm	0mm	225mm	0mm	232mm	1mm
	25	262mm	0mm	255mm	0mm	247mm	0mm	225mm	0mm	232mm	0mm
	30	262mm	0mm	255mm	0mm	247mm	0mm	242	0mm	232mm	0mm
	合计	1m基点位移量	4mm	2m基点位移量	7mm	3m基点位移量	8mm	4m基点位移量	10mm	5m基点位移量	13mm

备注　　检测人：　　记录人：

位置：T17 导线点前 43.64m

回采侧帮2号点多位移计观测数据表

表6-22

日期	天数	1m 基点位移量	变化量	2m 基点位移量	变化量	3m 基点位移量	变化量	4m 基点位移量	变化量	5m 基点位移量	变化量
示例	0	初始位移量 20mm	Δ1m	初始位移量 40mm	Δ2m	初始位移量 60mm	Δ3m	初始位移量 80mm	Δ4m	初始位移量 100mm	Δ5m
示例	5	20mm	0mm	41mm	1mm	60mm	0mm	80mm	0mm	100mm	0mm
示例	10	20mm	0mm	42mm	1mm	62mm	2mm	80mm	0mm	100mm	0mm
	0	初始位移量 200mm	Δ1m	初始位移量 219mm	Δ2m	初始位移量 280mm	Δ3m	初始位移量 293mm	Δ4m	初始位移量 285mm	Δ5m
	5	198mm	2mm	217mm	2mm	278mm	2mm	290mm	3mm	282mm	3mm
	10	197mm	2mm	214mm	3mm	276mm	2mm	288mm	2mm	280mm	2mm
	15	196mm	2mm	214mm	0mm	274mm	2mm	287mm	1mm	278mm	2mm
	20	196mm	0mm	214mm	0mm	274mm	0mm	286mm	1mm	277mm	1mm
	25	196mm	0mm	214mm	0mm	274mm	0mm	286mm	0mm	277mm	0mm
	30	194mm	0mm	214mm	0mm	274mm	0mm	286mm	0mm	277mm	0mm
合计		1m 基点位移量	6mm	2m 基点位移量	5mm	3m 基点位移量	6mm	4m 基点位移量	7mm	5m 基点位移量	8mm
备注	检测人：									记录人：	

位置：Z9 导线点前 25.12m

回采测帮部3号多点位移计观测数据表

表6-23

日期	天数	1m基点位移量	变化量	2m基点位移量	变化量	3m基点位移量	变化量	4m基点位移量	变化量	5m基点位移量	变化量
示例	0	初始位移量20mm	Δ1m	初始位移量40mm	Δ2m	初始位移量60mm	Δ3m	初始位移量80mm	Δ4m	初始位移量100mm	Δ5m
示例	5	20mm	0mm	41mm	1mm	60mm	0mm	80mm	0mm	100mm	0mm
示例	10	20mm	0mm	42mm	1mm	62mm	2mm	80mm	0mm	100mm	0mm
	0	初始位移量214mm	Δ1m	初始位移量228mm	Δ2m	初始位移量224mm	Δ3m	初始位移量237mm	Δ4m	初始位移量234mm	Δ5m
	5	212mm	2mm	226mm	2mm	221mm	3mm	234mm	3mm	230mm	4mm
	10	210mm	2mm	224mm	2mm	218mm	3mm	231mm	4mm	226mm	4mm
	15	210mm	0mm	223mm	1mm	217mm	1mm	229mm	2mm	224mm	2mm
	20	210mm	0mm	223mm	0mm	217mm	0mm	229mm	0mm	223mm	1mm
	25	210mm	0mm	223mm	0mm	217mm	0mm	229mm	0mm	223mm	0mm
	30	210mm	0mm	223mm	0mm	217mm	0mm	229mm	0mm	223mm	0mm
	合计	1m基点位移量	4mm	2m基点位移量	5mm	3m基点位移量	7mm	4m基点位移量	9mm	5m基点位移量	11mm

备注

检测人：   记录人：

（2）巷道顶板深部位移量数据分析

由表 6-18 数据整理绘制 1 号测站顶板位移量变化趋势图，该处测站位置位于切眼处，应力较为集中，巷道变形量较大。由图 6-36 可以看出，巷道顶板锚固支护范围内几乎无明显离层出现；锚固支护区域范围之外出现小范围离层，位移量约为 10mm；锚索悬吊区域 6~8m 范围，无明显离层出现。由图 6-36 可以看出，巷道顶板位移变化量在巷道掘进初期有增加趋势，在约 15 天巷道顶板位移变化量最大为 8.8mm/d，然后逐渐降低，在 30 天左右趋于稳定，巷道顶板位移增量为0mm/d，说明锚杆支护起到了有效的支护作用，有效地阻止了围岩破碎区，向围岩深部蔓延。

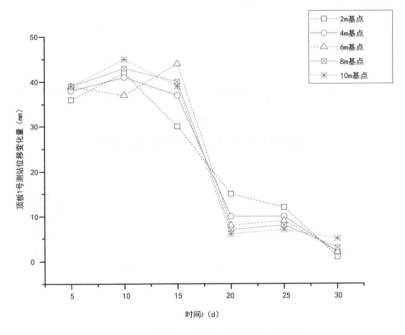

图 6-36 1 号测站顶板位移量变化趋势图

由表 6-19 数据整理绘制 2 号测站顶板位移量变化趋势图，由于该处测站布置在岩巷段，可以看出，顶板位移变形量明显小于 1 号测站顶板位移量，由图 6-37可以看出，巷道顶板锚固支护范围内几乎无明显离层出现；锚固支护区域范围之外出现小范围离层，位移量为 3~5mm；锚索悬吊区域 6~8m 范围，无明显离层出现。由图 6-37可以看出，巷道顶板位移变化量在巷道掘进初期有增加趋势，在约 15 天巷道顶板位移变化量最大为 0.8mm/d，然后逐渐降低，在 30 天左右趋于稳定，巷道顶板位移增量为0mm/d，说明锚杆支护起到了有效的支护作用，有效地阻止了围岩破碎区向围岩深部蔓延。

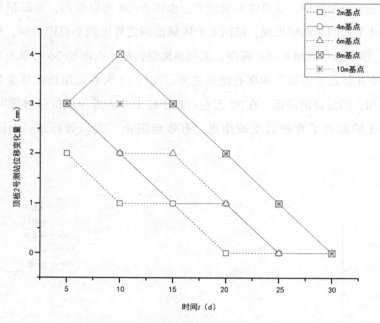

图 6-37 2 号测站顶板位移量变化趋势图

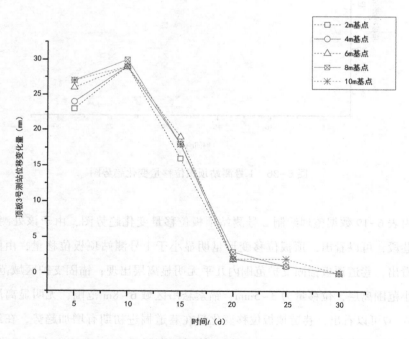

图 6-38 3 号测站顶板位移量变化趋势图

由表6-20数据整理绘制3号测站顶板位移量变化趋势图，由于该处测站布置时间较晚，可以看出，顶板位移变形量小于1号测站顶板位移量，由图6-38可以看出，巷道顶板锚固支护范围内几乎无明显离层出现；锚固支护区域范围之外出现小范围离层，位移量为5~8mm；锚索悬吊区域6~8m范围内无明显离层出现。由图6-38可以看出，巷道顶板位移变化量在巷道掘进初期有增加趋势，在约15天巷道顶板位移变化量最大为6mm/d，然后逐渐降低，在30天左右趋于稳定，巷道顶板位移增量为0mm/d，说明锚杆支护起到了有效的支护作用，有效地阻止了围岩破碎区向围岩深部蔓延。

（3）巷道帮部位移量数据分析

由表6-21数据整理绘制1号测站帮部位移量变化趋势图，由图6-39可以看出，巷道帮部锚固支护范围内无明显离层出现，位移量为2~4mm；巷道帮部位移变化量在巷道掘进初期最大为1mm/d，然后逐渐降低，在20~25天趋于稳定，巷道帮部位移增量为0mm/d，说明锚杆支护起到了有效的支护作用，有效地阻止了围岩破碎区向围岩深部蔓延。

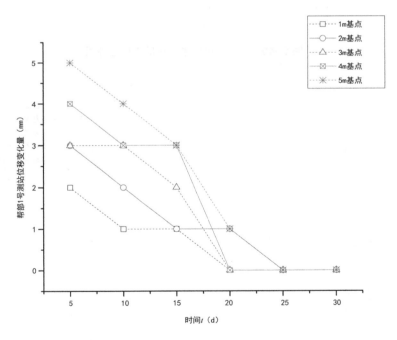

图6-39 1号测站帮部位移量变化趋势图

由表6-22数据整理绘制2号测站帮部位移量变化趋势图，该处测站位于岩巷段，所以巷道两帮位移量，明显小于1号测站帮部位移量。由图6-40可以看出，巷道帮部锚固支护范围内无明显离层出现，巷道帮部位移变化量在巷道掘进初期最大为 0.6mm/d，然后逐渐降低，在 15~25 天趋于稳定，巷道帮部位移增量为 0mm/d，说明锚杆支护起到了有效的支护作用，有效地阻止了围岩破碎区向围岩深部蔓延。

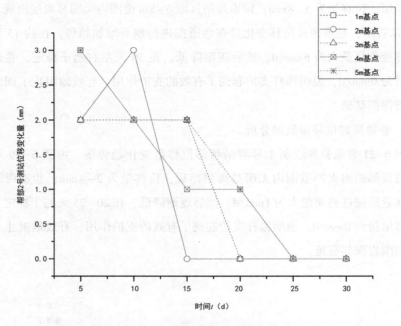

图 6-40 2 号测站帮部位移量变化趋势图

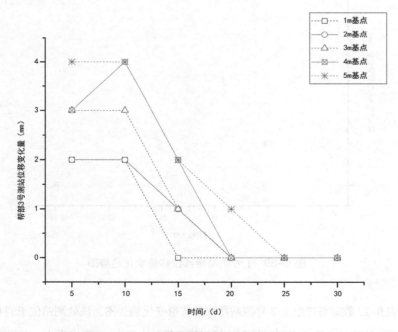

图 6-41 3 号测站帮部位移量变化趋势图

由表 6-23 数据整理绘制该测站帮部位移量变化趋势图，由图 6-41 可以看出，巷道帮部锚固支护范围内无明显离层出现，巷道帮部位移变化量在巷道掘进初期最大为 0.8mm/d，然后逐渐降低，在 15~25 天趋于稳定，巷道帮部位移增量为 0mm/d，说明锚杆支护起到了有效的支护作用，有效地阻止了围岩破碎区向围岩深部蔓延。

（4）小结

综合分析 1 号、2 号、3 号测站顶板深部围岩变形量变化趋势，得出锚网索支护区域内无明显离层出现，说明支护效果良好；综合分析 1 号、2 号、3 号测站帮部围岩变形量变化趋势，得出锚网索支护区域内无明显离层出现，且围岩变形最大的位于巷道支护锚固区域之外，围岩变形受到锚网索支护系统的阻力后，显著减小，最大变形量均控制在 10~20mm 范围内，说明支护效果良好；由图 6-36~图 6-41 可以看出，巷道在掘进后 15 天范围内变形量较大，后缓慢增加至最大变形量，趋于平稳。因此在巷道掘进后，需及时进行支护，防止巷道围岩破坏范围增大。后续应持续进行观测，对日常观测数据及时进行统计整理与分析，及时优化巷道支护方案，保证良好的支护效果。

第七章

巷道支护设计应用实例二

第一节 某矿 2304（上）充填工作面概况

一、工作面概况

2304（上）充填工作面位于二采区，北为 2304 采空区，南为二采区保护煤柱，西为 2304 上平巷与 2303 采空区，东为回采结束的 2305-2 号充填工作面，回采过程中不会对地面造成影响。其工作面概况如图 7-1 所示，地面相对位置及邻近采区开采情况见表 7-1。

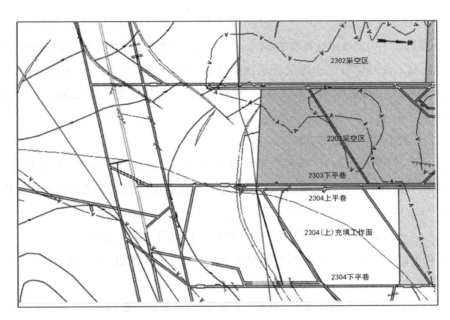

图 7-1 2304（上）充填工作面概况图

地面相对位置及邻近采区开采情况表

表 7-1

水平名称	一水平	采区名称	二采区
地面标高	+40.3～+42.9m	井下标高	−912.6～−922.9m
地面的相对位置及建筑物	2304（上）充填工作面地面投影为毕南村（已搬迁）西南部龙美生态园农田区域		
井下位置及对地面设施的影响	2304（上）充填工作面切眼位于二采区，东为 2304 下平巷，西为2304 上平巷与 2303 采空区，南二采区保护煤柱，北 2304 采空区；回采过程中不会对地面造成影响		

水平名称	一水平		采区名称	二采区	
地面标高	+40.3~+42.9m		井下标高	−912.6~−922.9m	
邻近采区开采情况	东为开采结束的 2305-2 号充填工作面，西为开采结束的 2303 工作面，南为尚未开采的 2304（上）充填工作面，北为开采结束的 2304 工作面				
走向（°）	45~188	倾向（°）	315~98	长度（m）	261.4

二、煤层及顶底板概况

（1）煤层发育情况

根据附近 L-13 地面钻孔及 2304 上、下平巷及 2304 工作面实际揭露资料，2304（上）充填工作面切眼位于煤层分层区，煤层结构复杂，$3_上$ 煤层厚度 2.8~6.7m，平均 3.48m；$3_下$ 煤层厚度 2.2~7.0m，平均 3.71m。夹矸厚度 1.0~7.3m，岩性主要为泥岩和细砂岩。

（2）煤层类型及煤质

$3_上$ 煤层可采指数为 1，煤厚变异系数为 30.4%，为较稳定煤层，煤层倾角 0~8°，煤质牌号为肥煤，宏观煤岩类型为半暗~半亮型煤，低灰低硫易洗选，发热量 29.02~32.04MJ/kg，硫分 0.09%~0.71%，灰分 9.63%~15.13%。

（3）L-13 钻孔柱状图及 3 煤层顶、底板岩石物理力学性质统计表

3 煤层顶、底板岩石物理力学性质统计见表 7-2，L-13 钻孔柱状图如图 7-2 所示。

3 煤层顶、底板岩石物理力学性质统计表　　　　表 7-2

指标	泥岩	粉砂岩	细砂岩	中砂岩
视密度（kg/m³）	2581~2635	2368~2635	2404~2915	2634~2640
	2609	2551	2627	2637
孔隙率(%)	3.04~4.46	3.57~8.69	1.73~9.82	3.30~3.72
	3.94	5.10	5.69	3.51
吸水率(%)	1.41~3.18	1.35~4.30	0.79~2.39	3.3~3.79
	2.30	1.97	1.12	3.51
泊松比	0.12~0.36	0.04~0.31	0.11~0.34	0.12~0.14
	0.23	0.21	0.20	0.13

指 标	泥岩	粉砂岩	细砂岩	中砂岩
普氏硬度系数	4.31~10.9	2.3~13.08	4.8~18.1	7.23~9.06
	8.15	8.68	12.71	8.15
单向抗压强度（MPa）	37.6~106.4	222.8~114.0	59.8~177.0	63~79
	74.8	82.36	110.6	71
单向抗拉强度（MPa）	1.74~2.43	1.30~3.34	1.70~6.72	3.94~4.19
	2.09	2.14	3.99	4.07
45°剪应力（MPa）	13.6~17.8	11.8~20.8	10.90~25.7	12.4~13.5
	15.7	16.3	18.64	12.95
内摩擦角	34°26′~35°39′	29°54′~36°08′	22°27′~37°36′	34°36′~37°14′
	35°02′	34°24′	34°28′	35°55′
凝聚力系数	2.6~6.2	4.4~5.6	3.4~8.2	3.6~4.2
	4.4	5.13	5.75	3.9
软化系数	0.1~0.8			
	0.45			

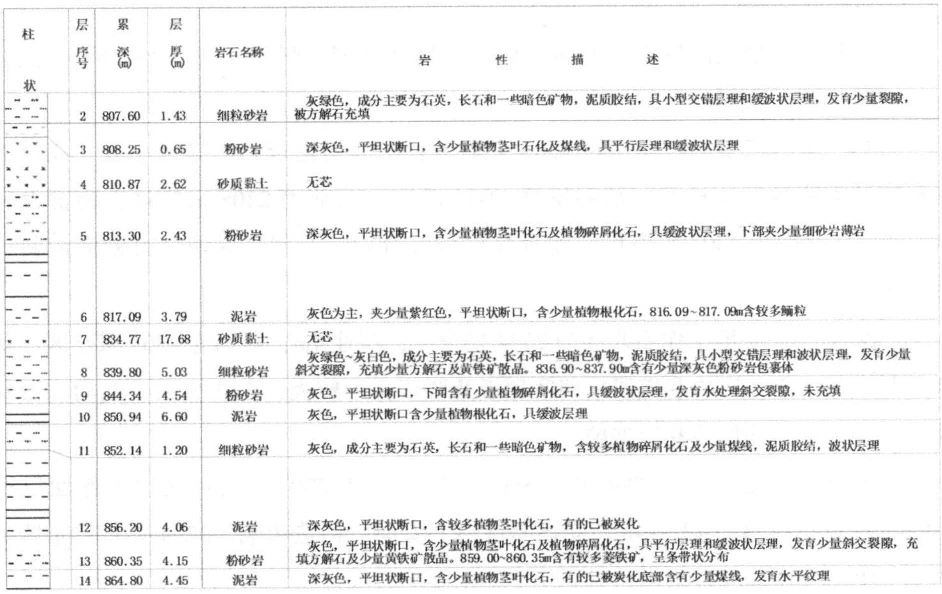

图 7-2　L-13 钻孔柱状图

柱状	层序号	累深(m)	层厚(m)	岩石名称	岩 性 描 述
	15	868.84	4.04	3₂煤	黑色，弱玻璃光泽，条带状结构，粒状结构，内生裂隙发育煤。岩组分以亮煤为主，次为暗煤，镜煤，属半亮型煤
	16	869.14	0.30	泥岩	深灰色，平坦状断口，含较多的植物碎屑化石
	17	869.34	0.20	炭质泥岩	灰黑色，质轻，染手，夹少量镜煤条带
	18	869.67	0.33	泥岩	深灰色，平坦断口，念较多植物碎屑化石
	19	869.88	0.21	炭质泥岩	灰黑色，质轻，染手，含较多植物碎屑化石
	20	875.81	5.93	泥岩	深灰色，平坦状断口，上部含较多植物根化石和少量镜煤条带有水平层理，下部含较多植物茎叶化石，有的已被炭化发育少量的斜交裂隙，充填较多黄铁矿散晶
	21	887.09	11.28	粉砂岩	深灰色，平坦状断口，含较多植物茎化石，有的已被炭化具缓波状层理，发育少量垂直裂隙，充填少量，黄铁矿散晶
	22	888.60	1.51	3ₚ煤	黑色，弱玻璃光泽，煤芯呈碎块状，煤岩组分以亮煤为主，暗煤次之，夹少量镜煤条带，属半亮型煤
	23	889.35	0.75	炭质泥岩	灰黑色，质轻，含炭质较高，可能属劣质煤
	24	891.36	2.01	3ₜ煤2	黑色，弱玻璃光泽，煤芯呈柱状，块状，煤岩组分以亮煤为主，暗煤次之，夹少量镜煤条带，属半亮型煤
	25	892.60	1.24	泥岩	深灰色，平坦状断口含较多植物根化石，发育少量斜交裂隙充填少量黄铁矿散晶
	26	895.59	2.99	细粒砂岩	灰色，成分主要由石英，长石和一些暗色矿物，泥质胶结，具小型交错层理和缓波状层理，垂直裂隙较发育，充填较多黄铁矿散晶
	27	896.69	1.10	泥岩	深灰色，平坦状断口，含较多植物根化石
	28	900.04	3.35	细粒砂岩	浅灰色，成分主要由石英，长石和一些暗色矿物含少量植物碎屑化石泥质胶结，具脉状层理和缓波状层理，发育少量斜交裂隙，被方解石及少量黄铁矿散晶充填
	29	909.76	9.72	泥岩	深灰色，平坦状断口，含少量海相动物碎屑化石
	30	911.65	1.89	细粒砂岩	浅灰色，成分主要由石英，长石和一些暗色矿物，泥质胶结，具脉状层理和缓波状层理发育，发育少量斜交裂隙，被方解石充填

图 7-2　L-13 钻孔柱状图（续）

三、2304（上）充填工作面地质构造

本区域煤岩层整体位于刘海向斜构造的轴部区域，煤层走向 45°~188°，倾向 315°~98°，煤层倾角 0°~8°。

根据二采区三维地震勘探及 2304 上下平巷实际揭露资料，2304（上）充填工作面区域无明显地质构造，东部发育 FD11 断层，西部为 2303 采空区，南部发育 FL6 断层，北部为 2304 采空区，发育煤层分叉合层线，回采区域穿过刘海向斜轴部，区域构造中等。

2304（上）充填工作面北部为 2304 采空区，煤柱 4m；西部为 2303 采空区，受北部与西部采空区影响巷道回采期间顶板及两帮压力较大，工作面回采期间需做好北帮小煤柱探查并加强巷道支护。

FD11 断层，正断层，落差 0~15m，该断层位于 2304（上）充填工作面以东 140m，区域揭露落差 13~14m，受该断层与刘海向斜构造影响，2304（上）充填工作面切眼东部构造应力集中，对工作面回采影响较大。

FL6 断层，正断层，落差 0~15m，位于 2304（上）充填工作面以南，该断层与北部 2304 采空区和西部 2303 采空区以及 FD11 断层将 2304（上）充填工作面区域切割成独立煤柱区，区域构造应力集中，对工作面回采可能会存在一定影响。

刘海向斜，整体轴向近南北，该向斜延伸长度约 14.5km，2304（上）充填工作面东部揭露刘海向斜轴部，轴部区域构造应力集中，对工作面回采影响较大。

四、水文地质和涌水量预计

工作面回采区域直接充水含水层是 $3_上$ 煤层的顶底板砂岩含水层和底板三灰含水层。

（1）3 煤顶板砂岩裂隙含水层（3 砂）

3 煤顶板砂岩含水层：巷道施工区域 $3_上$ 煤顶板存在中砂岩和粉砂岩，$3_上$ 煤层与 $3_下$ 煤层之间为一层夹矸，岩性以泥岩和细砂岩为主，$3_下$ 煤层底板为 2m 的砂质泥岩、4.4m 的细砂岩、1.30m 的泥岩、1.10m 的粉砂岩、1.80m 的泥岩与 3.8m 的粉砂岩。2304（上）充填工作面切眼在 $3_上$ 煤层中施工，回采过程中主要受 3 煤顶板砂岩含水层影响，将以顶板淋水的形式通过锚杆、锚索眼进入巷道，因此，3 砂成为巷道充水的最直接充水水源。

（2）三灰岩溶裂隙含水层

三灰岩溶裂隙含水层：本区域三灰含水层上距 $3_上$ 煤底板平均 63.45m，岩溶裂隙发育，富水性一般，无明显富水异常区。根据西部和北部已开采结束的 2303 和 2304 工作面开采资料，2304（上）充填工作面回采区域三灰富水性差，2304（上）充填工作面回采 $3_上$ 煤，回采过程中基本不扰动三灰含水层，正常情况下该含水层不会出水。

（3）地面物探情况

根据施工的地面可控源音频大地电磁法物探资料，2304（上）充填工作面回采区域 3 砂无明显富水区，无三灰富水异常区。

（4）老空积水情况

2304（上）充填工作面北为 2304 采空区，煤柱 4m，2304 工作面末采期间无顶板淋水，工作面为仰采，且受刘海向斜影响轴部区域为工作面低洼点，推采期间工作面用水进入老空自水仓通道流出，无老空积水区。

五、冲击倾向性鉴定结果

鉴定结果表明，3 煤一水平具有弱冲击倾向性，具有发生冲击地压的力学属性。因此，煤的冲击倾向性对 2304（上）充填工作面回采具有较大影响。

表 7-3 为 3 煤层单轴抗压强度测试结果，平均值为 8.37MPa。

		3 煤层单轴抗压强度测试结果				表 7-3	
煤层	指数				鉴定结果		
	DT(ms)	W_{ET}	K_E	Rc(MPa)	类别	名称	
3 煤一水平	1464	2.16	7.29	8.37	Ⅱ类	弱冲击倾向性	

六、其他影响因素

（1）煤尘爆炸性和煤的自燃

煤尘爆炸性试验结果表明，火焰长度>400mm；抑制煤尘爆炸最低岩粉量为75%，煤尘爆炸系数39.68%，故3煤层有煤尘爆炸危险性。

经鉴定，3煤层自然发火等级为Ⅱ类（自燃），最短发火天数为68天。

（2）地温

本矿区平均地温梯度 2.88℃/100m，煤系地温梯度 3.23℃/100m，属地温正常区，根据测温钻孔资料由于煤系上覆地层较厚，煤层埋藏较深，煤层底板温度平均41.38℃，本工作面位于二级高温区。

第二节　地质力学参数评估

国内外井下地应力测量结果表明，岩层中的水平应力在很多情况下大于垂直应力，而且水平应力具有明显的方向性，最大水平主应力明显高于最小水平主应力，这种趋势在浅部矿井尤为明显。因此，水平应力的作用逐步得到人们的认识和重视。

澳大利亚学者 W. J. Gale 通过现场观测与数值模拟分析，提出了著名的最大水平主应力理论，得出水平应力对巷道围岩变形与稳定性的作用（第六章图 6-8）。认为，巷道顶底板变形与稳定性主要受水平应力的影响：当巷道轴线与最大水平主应力平行，巷道受水平应力的影响最小，有利于顶底板稳定；当巷道轴线与最大水平主应力垂直，巷道受水平应力的影响最大，顶底板稳定性最差；当两者呈一定夹角时，巷道一侧会出现水平应力集中，顶底板的变形与破坏会偏向巷道的某一帮。该规律在顶板完整坚硬的巷道表现不太明显，但在较为破碎的煤层顶板条件下较为显著。

当岩体中存在构造应力情况下，主要开拓或准备巷道的方向最好是与构造应力作用方向一致，以使巷道周边应力分布趋于均匀，避免巷道与构造应力作用方向垂直布置，出现应力集中现象。

依据最大水平主应力 σ_H、最小水平主应力 σ_h 及垂直主应力 σ_v 三者数值的大小关系，将地应力场划分三种不同的类型，即 σ_H 型地应力场，$\sigma_H > \sigma_h > \sigma_v$；$\sigma_{Hv}$ 型地应力场，$\sigma_H > \sigma_v > \sigma_h$；$\sigma_v$ 型地应力场，$\sigma_v > \sigma_H > \sigma_h$。

根据二采区内 2 号测点（图 7-3）地应力结果（表 7-4），对边界巷道群的地应力提供参考。边界三条大巷的地应力场为 σ_H 型地应力场，边界三条大巷与最优巷道布置方向夹角为 42°。

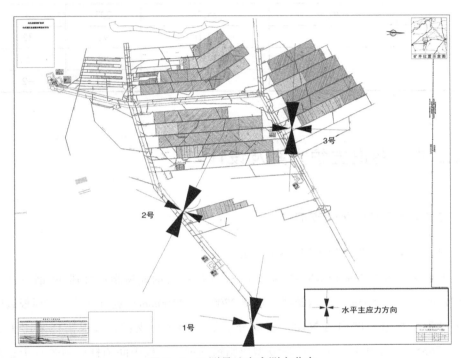

图 7-3　已测量地应力测点分布

依据不同斜面上的主应力与法向应力的方位关系，可得到最大水平主应力与巷道轴线的最优夹角见式（7-1）。

$$\alpha_0 = \frac{1}{2}\arccos\frac{\sigma_H + \sigma_h - 2\sigma_v}{\sigma_H + \sigma_h} \tag{7-1}$$

根据地应力测点 3 计算最大水平主应力与巷道轴线的最优夹角为 37.5°。水平应力对采区工作面冲击地压存在一定的影响。

测点编号	主应力类别	主应力值（MPa）	方位角（°）	倾角（°）
1	σ_H	45.21	99	7
	σ_v	27.33	4	61
	σ_h	25.36	192	27
2	σ_H	37.93	116	10
	σ_v	24.37	47	79
	σ_h	25.78	207	3
3	σ_H	42.18	92	32
	σ_v	24.15	88	−57
	σ_h	22.25	181	−2

第三节　巷道支护方案及设计

一、2304上平巷原永久支护

巷道支护形式为"锚带网索+锚索梁"支护。

顶板采用6根MSGLD600-22×2500mm等强螺纹钢式树脂锚杆压W钢带（长4800mm，眼距900mm）及钢筋网（规格2700mm×1100mm）进行支护，当顶板破碎易掉渣时，在钢筋网内再敷设一层高分子复合网进行支护，每根锚杆采用1支MSCK2835、1支MSK（慢速）2350型树脂锚固剂，顶板中间锚杆必须垂直于巷道岩面，肩窝锚杆向两帮倾斜与垂直夹角成10°~30°，采用W钢带配套托盘。顶板铺挂φ6.0mm钢筋焊接的钢筋网，钢筋网的规格为：长×宽=2700mm×1100mm，网孔规格为100mm×100mm，钢筋网搭接一个网格，利用双股10号钢丝进行连接，钢筋网联网扣距不大于200mm。

顶板钢带之间打设4500mm锚索梁（一梁三索，眼距1800mm），锚索使用长度为φ21.8mm×8300mm~10300mm高强鸟巢锚索，每根锚索采用3支MSK（慢速）2350型树脂锚固剂，锚索梁间距为2000mm。肩窝锚索按照10°~30°向帮部倾斜。顶板完整时，锚索梁拖后迎头6m打设，顶板较破碎时，拖后迎头不大于3m施工。

当巷道围岩完整、变形量较小时，两帮上分层各采用3根MSGLD600-22mm×2500mm等强螺纹钢式树脂锚杆，下分层采用2根MSGLD-335等强螺纹钢式树脂锚杆压 T 形钢带（长度 2000/1150mm、眼距 850mm）及钢筋网进行支护。两帮顶角锚杆向巷道顶板倾斜，与水平夹角为 10°～30°，底角锚杆向底板倾斜与水平面夹角为 10°～30°，配 T 形钢带配套托盘。煤壁稳定不片帮时，下部钢带拖后迎头不超 6m，煤壁破碎时，拖后迎头不超 4m。

帮部加强支护：在每两排钢带之间按照间距 1800/1100mm 施工锚索压配套 300mm×300mm×16mm 锚索托盘支护，其中上部打设 ϕ18.9mm×6300mm 锚索，按 30°～45° 仰角打设，中间眼位打设 ϕ18.9mm×4300mm 锚索，垂直煤壁打设，下部打设 ϕ18.9mm×4300mm 锚索，按 30°～45° 俯角打设，锚索排距为 2000mm，中部及上部加强支护锚索拖后迎头不大于 6m 施工，下部锚索拖后迎头不大于 20m 施工。

二、2304 下平巷永久支护设计

顶板采用 6 根 MSGLD500-22×2500mm 左旋螺纹钢式树脂锚杆压 W 钢带（长 4800mm，眼距 900mm）及钢筋网（规格 2700mm×1100mm）进行支护，每根锚杆采用 1 支 MSCK2835、1 支 MSK（慢速）2350 型树脂锚固剂，顶板中间锚杆必须垂直于巷道岩面，肩窝锚杆向两帮倾斜与垂直夹角成 10°～30°，采用 W 钢带配套托盘。顶板铺挂 ϕ6.0mm 钢筋焊接的钢筋网，钢筋网的规格为：长×宽＝2700mm×1100mm，网孔规格为 100mm×100mm，钢筋网搭接一个网格，利用双股 10 号钢丝进行连接，钢筋网联网扣距不大于 200mm。如图 7-4 所示。

帮部每帮采用 5 根 MSGLD335-22×2500mm 等强螺纹钢式树脂锚杆，配 W 钢带（规格长 2200/1300mm）眼距 900mm，压钢筋网支护，两帮顶角锚杆向巷道顶板倾斜，与水平夹角为 10°～30°，底角锚杆向底板倾斜与水平面夹角为 10°～30°。帮部每根锚杆配 2 支 MSK（中）2850 型树脂锚固剂锚固。锚杆间距、排距 900mm×1000mm。如图 7-5 所示。

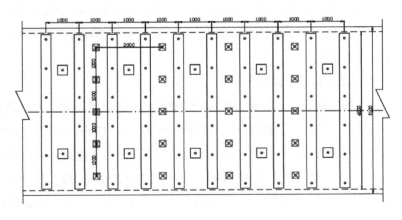

图 7-4　2304 上下平巷顶板永久支护平面图

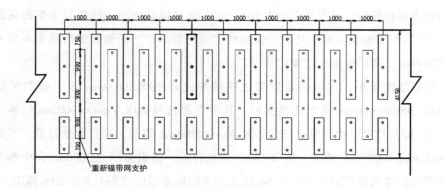

图 7-5　2304 上下平巷帮部永久支护平面图

顶板锚索加固参数：锚索布置在巷道顶板钢带之间，向巷道两侧倾斜，与铅垂线夹角为 10°~30°。锚索采用 $\phi17.8mm×6300~10300mm$ 高预应力鸟巢锚索，确保锚索锚入稳定基岩深度不小于 1.5m。锚索托盘规格 300mm×300mm×16mm，强度要与锚索强度相匹配。锚索间距、排距为 2500mm×2000mm。拖后迎头不大于 6m，顶板破碎时，紧跟液压前探梁施工。

三、补打破断支护参数设计

对顶板及两帮破断的锚杆在其周边 0.5m 范围内重新补打 MSGLD（X）600-22mm×2500mm 高强预紧力细牙树脂锚杆，配套 200mm×200mm×12mm 锚杆盘，顶板每根锚杆配 1 支 MSCKa2835 型树脂锚固剂与 1 支 MSK（慢）2350 型树脂锚固剂锚固，帮部每根锚杆使用 2 支 MSK2850（中）型树脂锚固剂。锚杆锚固力不小于 228kN，锚杆拧紧力矩不低于 400N·m。对顶板破断的锚索在其周边 0.5m 范围内重新补打 $\phi21.6mm×6300mm$ 高强预应力钢绞线，配 300mm×300mm×20mm 锚索盘，每根锚索使用 4 支 MSK2350 型树脂锚固剂，预紧力不小于 200kN，锚索外露 150~250mm，并拴防崩钢丝。

（1）顶板锚网索和帮部锚带网重新支护

顶板采用 5 根 MSGLD（X）600-22mm×2500mm 高强预紧力细牙树脂锚杆压包边钢筋网进行支护，锚杆配套托盘规格为 200mm×200mm×12mm 锚杆盘。顶板中间锚杆必须垂直于巷道岩面，两肩窝锚杆向巷道两帮倾斜，与铅垂线夹角为 10°~30°。顶板锚杆采用快速安装工艺，每根锚杆采用 1 支 MSCKa2835 和 1 支 MSK（慢）2350 型树脂锚固剂。钢筋网采用 $\phi6.5mm$ 焊接钢筋网，规格为 2720mm×1040mm，采用自带网茬连接。锚杆间距 1000mm，顶板重新支护锚杆和原顶板支护锚杆交错布置。

两帮采用 4 根 MSGLD（X）600-22mm×2500mm 高强预紧力细牙树脂锚杆配 W 钢带（长度 2900mm，眼距 900mm，宽 320mm，厚 5mm）压 ϕ6.5mm 的焊接编织钢筋网支护。锚杆配套托盘规格为 200mm×200mm×12mm。帮部每根锚杆配 2 支 MSK（中）2850 型树脂锚固剂锚固。钢筋网采用 ϕ6.5mm 焊接钢筋网，规格为 2400mm× 1040mm、1680mm×1040mm，采用自带网茬连接。锚杆间距 900mm，重新支护钢带和原帮部钢带交错布置。因巷道围岩变形造成帮部 4 眼钢带无法使用时，帮部打设 3 根锚杆压 3 眼钢带进行支护。

加强支护锚索选用 ϕ21.6mm×6300mm 高强度、低松弛（Ⅱ级）粘结式 1×7 预应力钢绞线，每根锚索采用 4 支 MSK（慢）2350 型树脂药卷锚固，锚索间距、排距 1500mm×2000mm，每两排锚索之间布置一颗锚索，使其呈五花布置；锚索托盘规格 300mm×300mm×20mm，强度要与锚索强度相匹配，锚索外露 150~250mm，锚索涨拉时，锚索预紧力控制在 200kN。

（2）复棚加固

复棚按间距 2m 施工，棚头及棚腿采用 U29 型钢加工，棚头长度 4.5m，棚头长度可根据现场实际巷宽而定，上棚腿长度 2.0m，下棚腿长度 2.5m，棚腿搭接长度不小于 400mm，每处搭接使用 2 副双层 U 形卡并使用弹平垫紧固，U 形卡间距 400mm，棚卡螺丝预紧力不小于 150N·m，棚腿扎角 5°~10°。

棚腿采用 1 根螺纹锚杆配夹板或焊接板固定，下棚腿与上棚腿采用双层 U 形卡进行连接。腿窝深不少于 200mm，并栽至硬底，棚腿至管路的间距不小于 100mm。

四、2304（上）充填工作面切眼支护参数设计

（1）2304（上）充填工作面切眼采用"锚网带索+单元支架"作为永久支护

①顶板选用 MSGLD（X）600-22mm×2500mm 细牙螺纹钢式树脂锚杆配合 W 钢带压 ϕ6.5mm 的焊接编织钢筋网支护，锚杆间距、排距 900mm×1000mm。

②巷道北帮采用 MSGLD（X）600-22mm×2500mm 细牙螺纹钢式树脂锚，配 W 钢带压 ϕ6.5mm 的焊接编织钢筋网支护。巷道南帮因切眼施工完毕后将进行切眼刷大，片口以里 3 排后，每排打设 4 根锚杆，上部压一片 2000mm 的钢带，锚杆间距为 800mm，下部打设一根锚杆，压 ϕ6.5mm 的焊接编织钢筋网支护。

③顶板加强支护 U 形梁布置在巷道顶板钢带之间，U 形梁选用长 4.5m "一梁三索"锚索梁，眼距 1800mm，锚索梁排距 2000mm，锚索选用 ϕ21.8 mm× 6300mm~10300mm 高强度、低松弛（Ⅱ级）粘结式 1×7 预应力钢绞线。

④加强支护：于切眼中部布置单元支架加强支护，单元支中心距 6m，围岩完整情况而定（图 7-6）。

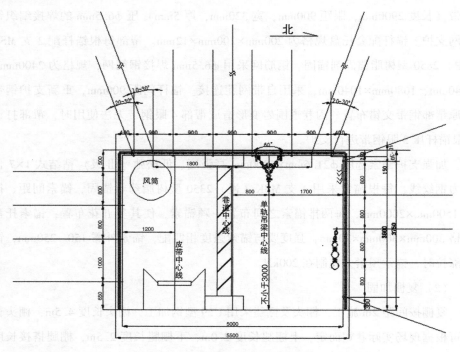

图 7-6　切眼永久支护断面图

（2）2304（上）充填工作面切眼刷大采用"锚网带索+单元支架"作为永久支护

①顶板选用 MSGLD（X）600-22mm×2500mm 细牙螺纹钢式树脂锚杆配合 W 钢带压 $\phi6.5$mm 的焊接编织钢筋网支护，锚杆间距、排距 900mm×1000mm，如图 7-7 所示。

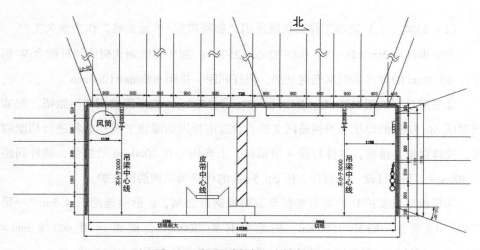

图 7-7　切眼刷大永久支护断面图

②南帮选用 4 根 MSGLD（X）600−22mm×2500mm 细牙螺纹钢式树脂锚杆，配 W 钢带压 $\phi6.5$mm 的焊接编织钢筋网支护，锚杆必须垂直于巷道帮部煤岩面打设，最下部锚杆使用锚杆盘不再压钢带，锚杆间距、排距为 800/1000mm×1000mm。

③顶板锚索梁加固参数：顶板加强支护 U 形梁布置在刷大侧巷道顶板钢带间与切眼锚索梁错位布置，U 形梁选用长 4.5m"一梁三索"锚索梁，眼距 1800mm，锚索梁排距 2000mm。锚索规格为 $\phi21.8$mm×6300mm~10300mm，锚入稳定的基岩长度不低于 1500mm，托盘强度要与锚索强度相匹配。

④加强支护：于刷大后切眼中部布置单元支架加强支护，单元支中心距 6m，视围岩完整情况而定（图 7-8）。

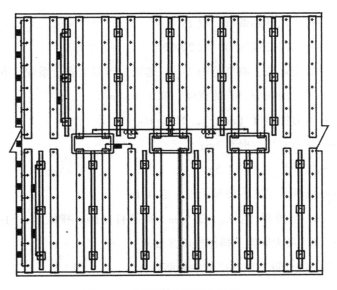

图 7-8　切眼刷大顶板支护图

第四节　巷道支护参数计算

（1）锚杆长度计算

顶板两侧锚杆长度的确定原则是：使其锚固端水平投影伸入两帮内 0.5m 以上，以保证受到两帮煤体的有效支撑，从而实现巷道顶板载荷向两帮转移，按式（7-2）计算：

$$L=（L_1+L_2）/\sin\beta+L_3+L_4 \tag{7-2}$$

式中　　L——倾斜锚杆长度；

　　　　L_1——要求锚固端水平投影伸入煤体内的距离，取 500mm；

　　　　L_2——倾斜锚杆下端到煤壁的水平距离，取 300mm；

　　　　β——倾斜锚杆水平面夹角，取 $\beta \geqslant 75°$；

　　　　L_3——额定锚固长度，取 1200 mm；

　　　　L_4——锚杆外端露出螺母长度，取 100 mm。

　　由式（7-2）计算得出：$L = 2128$mm。通过以上计算并结合实际情况，选用直径 22mm、长度 2500mm 的高强度锚杆满足要求。

　　（2）按照巷道断面计算锚杆的间距、排距

$$L_{排} = n \times N / [k \times \gamma \times g \times B \times (L - L_4)] = 11 \times 200 / [2.6 \times 2.5 \times 10 \times 5.4 \times 2.7] = 2.51\text{m}$$

$$(7-3)$$

式中　　n——每排锚杆总条数，取 10 条；

　　　　N——每条锚杆锚固力，取 200kN；

　　　　k——安全系数，取值范围 2~3，选取中等以上安全系数，取值 2.6；

　　　　γ——被悬吊顶板岩石的密度，取 2.5kg/m³；

　　　　g——重力加速度（m/s²），取 10m/s²；

　　　　B——巷道荒宽，取 5.1m；

　　　　L——锚杆长度，取 2.5m；

　　　　L_4——锚杆外端露出螺母长度，取 0.1m。

　　由式（7-3）计算得出：$L_{排} = 2.51$m，即锚杆间距、排距 $\leqslant 2.51$m 即能满足要求，故取顶板锚杆最大间距、排距能满足要求。

　　（3）锚索长度计算，以巷道最大断面计算

$$L_2 = KH_2 + l_1 + l_2 \qquad (7-4)$$

式中　　L_2——锚索长度（m）；

　　　　H_2——冒落拱高度（m）；$H_2 = B/2f = 5.1/(2 \times 4) = 0.64$m；

　　　　B——巷道开掘宽度，最大取 5.1 m；

　　　　f——普氏系数，取 4

　　　　K——安全系数，取 2.6；

　　　　l_1——锚索锚入稳定岩层的深度，一般按经验取 1.0m；

　　　　l_2——锚索在巷道中的外露长度，一般取 0.3m。

　　则 $L_2 = 2.6 \times 0.64 + 1.0 + 0.3 = 2.96$m。锚索型号为 $\phi 17.8$mm×6300mm，长度为 6300mm，锚索长度满足要求。

（4）锚索间距、排距计算

$$a_2 = \left[Q \div (K \times H_2 \times \gamma) \right] 1/2 \qquad (7-5)$$

式中　　a_2——锚索间距、排距（m）；

　　　　Q——锚索设计锚固力，200kN；

　　　　H_2——冒落拱高度，取 0.64m；

　　　　γ——被悬吊泥、细砂岩的重力密度，取 25kN/m^3；

　　　　K——安全系数，取 2.6。

$$a_2 = \left[200 \div (2.6 \times 0.64 \times 25) \right] 1/2 = 2.4m$$

锚索间距、排距 1.5m，取值小于理论值，满足设计要求。

（5）适用评价及优化

2304（上）充填工作面巷道支护方式经分析，符合《防治煤矿冲击地压细则》《山东省煤矿冲击地压方法》等相关规定。

2304 切眼距离采空区较近，受采空区侧向支承压力影响较明显，相比于 2304 下平巷矿压显现更为剧烈，掘进过程中巷道变形预计较明显。因此，应加强顶板支护强度，此外，还可以减小液压单元支架的间距，以确保回采期间 2304 上平巷的安全，为后续工作面开采提供安全保障。当巷道过断层、高应力区、裂隙发育破碎岩层时应当适当缩小锚杆、锚索间距、排距，适当位置应补打锚索或架棚加强支护。遇地质构造或非正常围岩情况时需根据实际情况另行编制补强支护安全措施。

第五节　巷道支护系统抗冲能力评估

一、2304 上、下平巷强度验算

（1）2304 上平巷强度验算

①对顶板支护强度抗冲击进行验算

经查阅资料，MSGLD600-22mm×2500mm 等强螺纹钢式树脂锚杆破断载荷约为 200kN，破断伸长率 15%，锚固端至孔口距离 1.2m，则锚杆破断吸收能量 47.23kJ。ϕ21.8 锚索破断载荷约为 520kN，破断伸长率 5%，按锚杆破断伸长量作为巷道顶板支护失效下沉量计算锚索吸收能量为 137.28kJ。则计算巷道顶板支护体系下的抗冲能力，单位面积锚杆、锚索在顶板支护失效前吸收的能量为：

顶板稳定区域：47.23×1.17×0.7+137.28×0.2×0.7＝57.9kJ/m^2

顶板破碎区域：47.23×1.47×0.7+137.28×0.24×0.7＝71.66kJ/m²

由能量守恒，自由段煤体运动动能、重力势能转化为支护系统失效吸收的能量，则支护系统抵抗自由段顶煤的运动速度分别为9.09m/s、10.11m/s。

②补强后，对顶板支护强度抗冲击进行验算

经查阅资料，MSGLD（X）600-22mm×2500mm细牙螺纹钢式树脂锚杆破断载荷约为250kN，破断伸长率15%，锚固端至孔口距离1.2m，则锚杆破断吸收能量68kJ。则计算巷道顶板支护体系下的抗冲能力，单位面积锚杆、锚索在顶板支护失效前吸收的能量为：

补强后顶板稳定区域：57.9+68×1×0.7＝105kJ/m²

补强后顶板破碎区域：71.66+68×1×0.7＝119.26kJ/m²

由能量守恒，自由段煤体运动动能、重力势能转化为支护系统失效吸收的能量，则支护系统抵抗自由段顶煤的运动速度分别为12.24m/s、13.03m/s。

补强后，对两帮支护强度抗冲击进行验算：

MSGLD-335等强螺纹钢式树脂锚杆破断载荷约为186kN，伸长率15%，锚固端至孔口距离1.2m，则锚杆破断吸收能量43.9kJ。

补强后巷道两帮：49.48+43.9×1.3×0.7＝89.4kJ/m²

由能量守恒，自由段煤体运动动能、重力势能转化为支护系统失效吸收的能量，则支护系统抵抗自由段顶煤的运动速度分别为11.3m/s。

（2）2304下平巷强度验算

①对顶板支护强度抗冲击进行验算

经查阅资料，MSGLD500-22mm×2500mm等强螺纹钢式树脂锚杆破断载荷约为150kN，破断伸长率14%，锚固端至孔口距离1.2m，则锚杆破断吸收能量43.78kJ。φ17.8锚索破断载荷约为341kN，破断伸长率4%，按锚杆破断伸长量作为巷道顶板支护失效下沉量计算锚索吸收能量为134.56kJ。则计算巷道顶板支护体系下的抗冲能力，单位面积锚杆、锚索在顶板支护失效前吸收的能量为：

顶板稳定区域：43.78×1.17×0.7+134.56×0.2×0.7＝54.7kJ/m²

顶板破碎区域：43.78×1.47×0.7+134.56×0.24×0.7＝67.66kJ/m²

由能量守恒，自由段煤体运动动能、重力势能转化为支护系统失效吸收的能量，则支护系统抵抗自由段顶煤的运动速度分别为8.90m/s、9.43m/s。

②补强后，对顶板支护强度抗冲击进行验算

经查阅资料，MSGLD（X）600-22mm×2500mm细牙螺纹钢式树脂锚杆破断载荷约为250kN，破断伸长率15%，锚固端至孔口距离1.2m，则锚杆破断吸收能量

68kJ。则计算巷道顶板支护体系下的抗冲能力，单位面积锚杆、锚索在顶板支护失效前吸收的能量为：

补强后顶板稳定区域：57.9+68×1×0.7＝105kJ/m²

补强后顶板破碎区域：71.66+68×1×0.7＝119.26kJ/m²

由能量守恒，自由段煤体运动动能、重力势能转化为支护系统失效吸收的能量，则支护系统抵抗自由段顶煤的运动速度分别为 12.24m/s、13.03m/s。

补强后，对两帮支护强度抗冲击进行验算：

MSGLD-335 等强螺纹钢式树脂锚杆破断载荷约为 186kN，伸长率 15%，锚固端至孔口距离 1.2m，则锚杆破断吸收能量 43.9kJ。

补强后巷道两帮：49.48+43.9×1.3×0.7＝89.4kJ/m²

由能量守恒，自由段煤体运动动能、重力势能转化为支护系统失效吸收的能量，则支护系统抵抗自由段顶煤的运动速度分别为 11.3m/s。

由于煤矿条件复杂，巷道支护强度受围岩条件、材料锈蚀等影响较大，实际开采过程中需要加强支护监测评估，必要时采取支护补强措施，确保巷道抗冲击能力满足防冲需求。

二、2304（上）充填工作面切眼永久支护强度计算

掘进施工时顶板采用规格 MSGLD（X）600-22mm×2500mm 高强预紧力细牙树脂锚杆、规格采用 ϕ21.6mm×8300mm 长高预应力钢绞线支护，锚杆在发生冲击地压过程极限位移吸收的能量 E_g 取 3kJ/根；锚索在位移极限时可吸收的能量 E_s 取 5kJ/根。则锚杆锚索共同作用在破断前吸收的能量为：

$$E_r = (6×E_g+3×E_s)/(a×b) = (6×3+3×5)/(1×5.1) = 6.47kJ/m^2$$

式中　　a——顶板锚杆排距（m）；

　　　　b——顶板宽度（荒宽，m）；

　　　　E_g——破断全部顶板锚杆锚索所需最小能量（kJ）。

对掘进巷道帮部而言，每排有 10 根锚杆，则锚杆破断前吸收的能量为：

$$E_b = (10×E_g)/(a×b) = (10×3)/(1×4.15) = 7.22kJ/m^2$$

厚煤层巷道开挖后巷道周边岩体屈服厚度为 0.5~1.0m，假设屈服岩体范围等于岩体产生裂隙的范围，取岩体破裂厚度为 1.0m。本巷道煤层密度取 1.3×103kg/m³，根据上述条件计算出发生冲击地压后巷道围岩表面岩体的动能为：

$$E_d = 0.5mv^2 = 0.5×1.3×10^3×v^2 = 0.65v^2kJ/m^2$$

对于巷道顶板煤体，还必须考虑顶板煤体冲击过程中由于锚杆受拉延伸，顶板

岩层下滑而释放的势能，以使用 MSGLD（X）600-22mm×2500mm 高强预紧力细牙树脂锚杆延伸率为 15% 计算，锚杆极限位移 Δh 取 375mm，顶板煤块因冲击下滑而对支护系统施加的势能 E_h 为：

$$E_h = mg\Delta h$$

式中　　m——参加冲击过程的顶板岩体质量（kg）。

这里松动下沉岩层厚度仍然取 0.1m，经计算 $E_h = 0.4875 \text{kJ/m}^2$。

发生冲击的临界状态下，传递至顶板岩体中的动能和顶板岩体下沉的势能转移至支护系统，变为支护系统的弹性能，临界状态时，该能量正好达到支护系统的能量极限值，使支护系统完全失效。

顶板岩层对支护系统施加的能量为震源传来的动能和势能之和，即 $E = E_d + E_h = (0.65v^2 + 0.4875)$ kJ/m^2，而顶板支护系统的能量极限为 $E_r = 6.47 \text{kJ/m}^2$，因 $E = E_r$，所以 $v = 3.03 \text{m/s}$。同理，对掘进巷道帮部 $E_b = E_d$，得 $v = 3.33 \text{m/s}$。

所以，顶板支护系统最先失效，引起围岩支护失效的最小速度为 $v = 3.03 \text{m/s}$，对应质点震动峰值速度为 1.52m/s。

采用 McGarr 建议的质点运动速度、震源中心到岩爆冲击破坏点的距离与岩爆强度之间的关系公式 $\lg Rv = 3.95 + 0.75M_L$，其中 R 为震源到冲击破裂点的距离，根据现场顶板分布条件，取 $R = 10\text{m}$，则可计算得到 $M_L = 1.64$。根据冲击能量与能级的关系表达式 $\lg E_L = 1.8 + 1.9M_L$ 反算，2304（上）充填工作面巷道可抵抗 10m 处 1×10^5J 能量事件。

三、液压支架支护强度验算

（1）支护强度计算（6~8 倍采高的岩石重应力对支架造成的载荷强度）

$$P_t = 6 \times 9.8 \times h \times r = 6 \times 9.8 \times 3.5 \times 2.5 = 514.5 \text{（kN/m}^2\text{）}$$

$$P_t = 8 \times 9.8 \times h \times r = 8 \times 9.8 \times 3.5 \times 2.5 = 686 \text{（kN/m}^2\text{）}$$

式中　　h——煤层高度，3.5m；

　　　　r——顶板岩石密度，2.5t/m^3；

（2）充填区域支护强度选择

本区域计算支护强度为 514.5~686kN/m^2。

支护强度确定后，根据配套尺寸、支架顶梁长度、空顶距算出支架工作阻力：

$$F = q \times (L_K + L_D + 0.6) \times B = 686 \times (8.09 + 0.34 + 0.6) \times 1.5 = 9291.87 \text{kN}$$

$$F = q \times (L_K + L_D) \times B = 686 \times (0.34 + 5.71) \times 1.75 = 4150.3 \text{kN}$$

式中　　F——支架工作阻力（kN）；

q——支架的支护强度，686kN/m^2；

$\quad$ L_K——空顶距 0.34m；

$\quad$ L_D——顶梁长度 5.71m；

$\quad$ B——支架宽度 1.75m。

根据计算结果，选用工作阻力富余系数大的液压支架，因此选用工作阻力为 15000kN 的液压支架满足工作面支护强度。

第六节　基于数值模拟的巷道支护体系防冲能力评估

一、数值模拟模型

为分析巷道在冲击荷载下的围岩和支护体系动力响应，考虑历史上 2304N 工作面微震事件统计，单个事件能量为 2.4×10^4J，震源位于 2304N 联巷下岔口东侧 155.1m，2305 联巷以南 63.1m，顶板上方 12.1m 处。为校验巷道抗冲击能力，考虑模拟单个事件能量为 1×10^5J，震源位于顶板 12.1m 处的冲击过程。因此，所建数值模拟模型如图 7-9 所示。

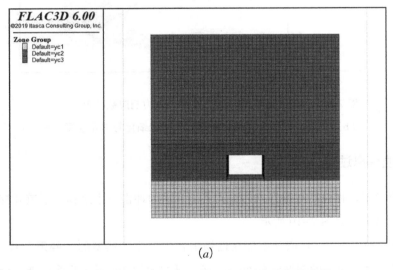

(a)

图 7-9　2304（上）充填工作面冲击动力响应数值模型

（a）单元网格划分

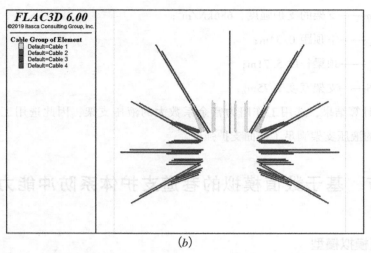

(b)

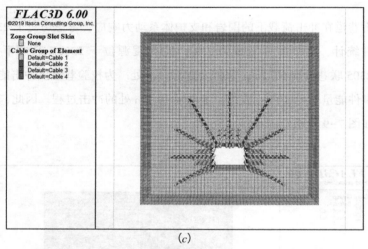

(c)

图 7-9　2304（上）充填工作面冲击动力响应数值模型（续）

（b）单元支护体系；（c）巷道近场围岩细化与单元连接关系

二、数值模拟过程

数值模拟过程包括巷道开挖、锚固支护和动力冲击三个过程，巷道开挖后的应力和塑性区分布如图 7-10 所示。

由图 7-10 可知，巷道开挖后在近场围岩中形成了典型的"蝶形"应力分布，在巷帮存在大约 2m 的塑性区分布，并有明显的大约 2m 深度的剪切破坏带。巷道锚固后的锚杆锚索应力如图 7-11 所示。锚固后锚杆中段应力大约为 433MPa，锚索中段应力大约为 250MPa，数值模型中锚杆和锚索的等效截面面积大约为 $3.8cm^2$，则锚杆的预应力大约为 165kN，锚索预应力大约为 96kN，与实际工程中的锚杆预应力 190kN 和锚索 100kN 预应力近似。

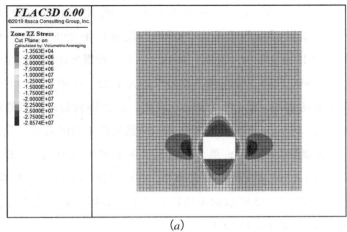

(a)

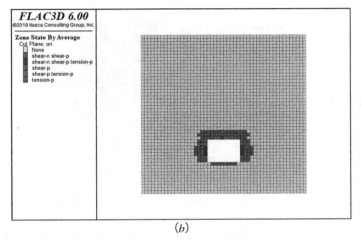

(b)

图 7-10　开挖后应力和塑性区云图

（a）开挖后应力；（b）开挖后塑性区

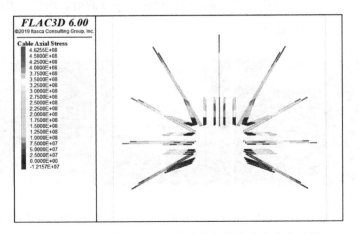

图 7-11　支护体系锚固后支护锚杆锚索应力分布云图

数值模拟中计算了巷道正上方和侧面冲击动力作用下的巷道动力响应过程。2304N历史上单个事件能量最大为$2.4×10^4$J，震源位于2304N联巷下岔口东侧155.1m，6305联巷以南63.1m，顶板上方12.1m处，根据冲击能量与能级的关系表达式$\lg E_L = 1.8+1.9M_L$反算，最大冲击能力大约为1.35，根据能级与巷道围岩质点峰值速度的关系表达式$\lg (R_v) = 3.95+0.57M_L$，以及围岩振动质点峰值速度为围岩表面位移速度的一半，反算得到冲击源12.1m远处产生的围岩表面位移速度大约为0.43m/s。根据微震监测数据，单个能量事件的频率大约为5Hz，即一个冲击波的半周期时间为0.1s，经过数值模拟试计算，在模型顶部设定了体积为$25m^3$单元为冲击源，采用了如图7-12所示的模拟冲击动力波数据，最大质点峰值速度大约为1.2m/s。则冲击动能接近$1×10^5$J。

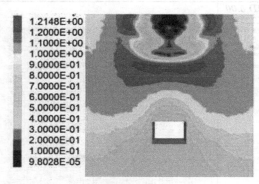

图7-12　最大质点峰值速度下围岩速度分布图

经过试计算，得到巷道顶板存在最大质点速度，峰值速度大约为0.5m/s，计算结果与理论速度0.43m/s近似，因此，数值模拟结果具有较好的可靠性。以模型为例，冲击动力波传播过程中，速度分布演化过程如图7-13所示。动力速度以近似放射状向围岩中传播，且在传播至巷道后，存在动力波的衍射现象。表面动力波传播过程具有很好的合理性。

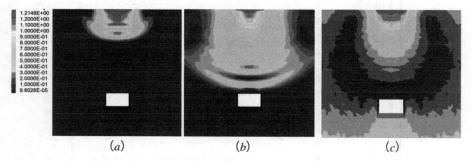

图7-13　冲击动力波下围岩速度分布演化过程（顺槽正上方冲击过程）

（a）0.04s；（b）0.08s；（c）0.12s

三、冲击作用下巷道防冲能力分析

数值模拟中计算了巷道正上方和侧面冲击作用下的巷道围岩动力响应，如图7-14（a）所示在正上方冲击动力作用下，巷道顶板围岩在0.2s有最大峰值速度，大约为0.5m/s，巷帮速度较小。冲击动力作用后，顶板锚杆锚固发生了塑性破坏，释放了部分能量，锚索仍处于弹性状态。而巷帮锚杆和锚索均处于弹性状态，表明未发生冒顶现象。由图7-14（b）可知，冲击动力作用后，在顶板和底板与巷帮相交处沿垂直方向存在塑性区增大的现象，巷帮未出现较大变形。侧上方冲击作用下，如图7-14所示，冲击动力作用下顶板锚杆发生塑性破坏，锚索未发生塑性破坏，冲击动力作用下巷道围岩在顶板和底板围岩中存在相对较小的塑性区扩展。

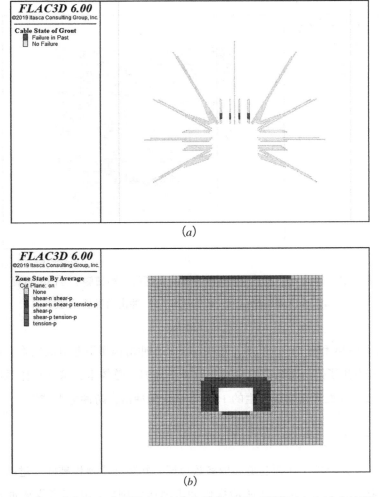

图7-14 冲击动力波下围岩速度分布演化过程（顺槽正上方冲击过程）

（a）冲击下锚杆锚索失效情况；（b）冲击后围岩塑性区

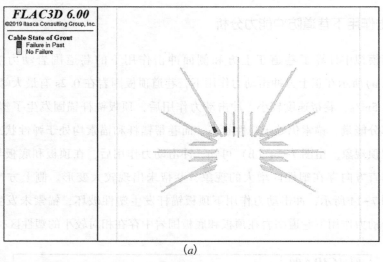

(a)

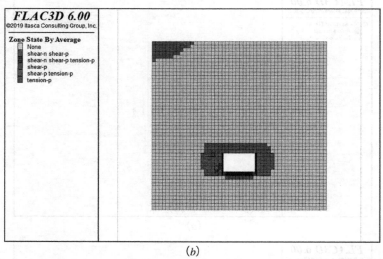

(b)

图 7-15 冲击动力波下围岩速度分布演化过程（顺槽侧上方冲击过程）

（a）冲击下锚杆锚索失效情况；（b）冲击后围岩塑性区

综合图 7-14 和图 7-15 可知，顺槽在正上方冲击作用下巷道最危险，而冲击动力顶板锚杆发生了部分失效，锚索能有效悬吊围岩。总体上，该支护体系能够有效抵抗巷道 12.1m 处顶板岩层发生的 1×10^5J 能量的冲击，防冲能力较强。

四、评价结果

2304（上）充填工作面巷道支护参数合理，并制订了顶板破碎、过断层等特殊地点的加强支护设计，符合《防治煤矿冲击地压细则》《山东省煤矿冲击地压方法》等相关规定，巷道支护体系抗冲击性能满足要求。

第八章

巷道支护设计应用实例三

第一节 某矿 1502 工作面概况

一、工作面概况

1502 工作面位于井田南翼一盘区首采面，回风巷设计长度为 1775m，运输巷（包括联络巷）设计长度为 2019m，切眼设计长度为 300m。西部为南翼三条大巷，东部为无煤区边界。1502 回采工作面平面布置如图 8-1 所示。

图 8-1 1502 回采工作面平面布置图

二、工作面煤层概况

巷道布置在侏罗系中统延安组粉细粒砂岩、粉砂质泥岩及 5 煤层中。粉砂质泥岩深灰色，厚层状，夹薄层细粒砂岩，断口平整，其滑面易碎风化后成碎块状，半坚硬，普氏硬度系数为 3~6；细砂岩灰白色，中厚层状，坚硬，普氏硬度系数为 6；5 煤为黑色，暗煤为主，次为亮煤，半亮-半暗型，普氏硬度系数为 2~4，5 煤平均厚度为 2.31m。

三、工作面顶底板概况

1502 工作面煤层顶底板情况见表 8-1，煤层柱状图如图 8-2 所示。

1502 工作面煤层顶底板情况表　　表 8-1

顶底板名称	岩石名称	平均厚度(m)	特　征
基本顶	中粒砂岩	4.75	灰白色，薄层状，中粒砂状结构，成分以石英、长石为主，次为云母及暗色矿物，夹薄层泥岩钙质胶结，断口参差状
	泥岩	0.59	深灰色，薄层状，泥质结构，夹煤线，断面上见黄铁矿薄膜
	泥岩	0.10	深灰色，薄层状，见植物化石，含炭屑，断面平整，半坚硬
直接顶	粉砂岩	3.60	灰色，中厚层状，粉砂状结构，见波状层理，钙质胶结
煤层	5 煤	2.31	黑色，半暗型，以暗煤为主，次为亮煤、丝炭，参差状断口
直接底	泥岩	1.97	灰色，薄层状，泥质结构，见植物化石，含炭屑，半坚硬
基本底	细粒砂岩	0.66	灰白色，细粒砂状结构，成分以石英、长石为主，含炭屑

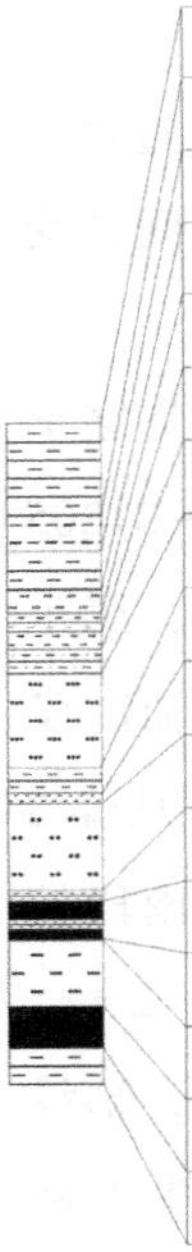

泥岩	758.65	5.10	上部灰色，下部以紫红色为主，巨厚层状，泥质胶结，团块状，RQD:0
泥质粉砂岩	760.55	1.90	灰色，厚层状，泥质结构，上部裂隙发育，断口参差状，半坚硬。RQD:60%
泥岩	762.65	2.10	灰色，巨厚层状，泥质结构，局部见紫红色斑块，破碎，RQD:0
细粒砂岩	763.90	1.25	灰白色，厚层状，细粒砂状结构，成分以石英、长石为主，钙质胶结，参差状断口，坚硬。RQD:85%
泥岩	764.90	1.00	灰色，局部显紫红色，泥质结构，具滑面，破碎，RQD:0
细粒砂岩	765.85	0.95	灰白色，薄层状，细粒砂状结构，成分以石英、长石为主，夹薄层泥岩，局部裂隙发育，钙质胶结。半坚硬。RQD:75%
砂质泥岩	767.15	1.30	灰色，厚层状，泥质结构，局部裂隙发育，破碎。RQD:0
细粒砂岩	772.32	5.17	灰白色，厚层状，细粒砂状结构，成分以石英、长石为主，夹薄层泥岩，见钙质及黄铁矿结核，钙质胶结，半坚硬。RQD:50%
泥岩	773.69	1.37	上部灰色带紫红色，下部深灰色，中间夹0.45m的细粒砂岩，破碎，具滑面，RQD:0
粉砂岩	774.27	0.58	灰色，薄层状，粉砂状结构，具水平层理，含黄铁矿结核，钙质胶结，半坚硬。RQD:10%
中粒砂岩	779.02	4.75	灰白色，薄层状，中粒砂状结构，成分以石英、长石为主，次为云母及暗色矿物，夹薄层泥岩，粉砂岩，见黄铁矿结核，在薄层泥岩中夹煤线，见植物化石，钙质胶结，断口参差状，半坚硬。RQD:75%
泥岩	779.61	0.59	深灰色，薄层状，泥质结构，夹煤线，断面上见黄铁矿薄膜，具滑面。RQD:0
煤2	781.70	1.03 (0.52) 0.54	黑色，半暗型，以暗煤为主，次为亮煤，均一状，弱沥青光泽，半坚硬。结构：1.03(0.52)0.54
泥岩	781.80	0.10	深灰色，薄层状，见植物化石，含炭屑，断面平整，半坚硬。RQD:0
粉砂岩	785.40	3.60	灰色，中厚层状，粉砂状结构，断面富集白云母，夹薄层泥岩，煤线，见波状层理，钙质胶结，半坚硬。RQD:75%
煤5	787.71	2.31	黑色，半暗型，以暗煤为主，次为亮煤，丝炭，参差状断口，均一状，结构简单，光泽暗淡，半坚硬
泥岩	789.68	1.97	灰色，薄层状，泥质结构，见植物化石，含炭屑，半坚硬。RQD:20%

(*a*)

图 8-2　煤层柱状图

（a）803 钻孔柱状图

岩性	厚度(m)	岩性描述
泥岩	6	深灰色，局部以紫红色为主，岩性发软，有滑感
泥质粉砂岩	2.9	薄层状，局部灰绿色，粉砂状结构，上部夹薄层泥岩，局部裂隙发育泥质充填层理，与下伏地层呈明显接触
粉砂岩	4.6	灰色，薄层状，泥质包体，夹薄层泥岩，泥质胶结，半坚硬
泥岩	2.8	深灰色，局部呈暗红色
泥岩	5.2	灰色，薄层状，参差状断口
泥岩	5.3	深灰色，局部见炭化植物叶片
粉砂质泥岩	5.2	薄层状，泥质结构，断口参差状，半坚硬，与下伏地层呈明显接触
粉砂岩	1.3	灰色，薄层状，泥质包体，半坚硬
2煤	0.4	黑色，主要由暗煤和亮煤组成，块状，半坚硬
粉砂岩	0.5	灰色，薄层状，粉砂状结构，含碳屑，黄铁矿结核
2煤	0.2	黑色，主要由暗煤和亮煤组成，块状，半坚硬
粉砂岩	2.6	灰色，薄层状，粉砂状结构，含碳屑
粉砂质泥岩	0.7	薄层状，泥质结构，断口参差，半坚硬，与下伏地层呈明显接触
粉砂岩	0.5	灰色，薄层状，粉砂状结构，含碳屑，黄铁矿结核
炭质泥岩	1.3	黑灰色，薄层状，夹3~5cm煤线多层
泥岩	0.3	灰色，薄层状，参差断口，见炭化植物叶片，半坚硬
粉砂岩	1.2	灰色，薄层状，粉砂状结构，含碳屑，黄铁矿结核泥质包体半坚硬，与下伏地层呈明显接触

(b)

图 8-2　煤层柱状图（续）

（b）实测柱状图（5 煤顶板以上）

四、工作面地质构造概况

根据三维地震勘探资料，1502 工作面回采区域地质条件简单，预计回采过程不会揭露断层。1502 运输巷回采期间会受里河向斜影响，1502 回风巷回采期间会受王家沟向斜和里河向斜影响。

里河向斜：勘探区内主要次级褶曲，整体位于勘探区东部，自南向北贯穿整个勘探区，轴线沿 L5 孔—902 孔—1003 孔—1103 孔—B1105 孔—1105 孔—B1205 孔—L0 孔延伸出勘探区北部和南部边界，轴线在区内延展长度约 3.82km，属于可靠构造。向斜轴北段（L692 剖面线以北），轴线走向约 N15°W；向斜轴南段（L692 剖面以南），轴线走向呈"C"型；轴线走向约 N40°W 转 S14°W。从煤 2 层、煤 5 层及煤 8 层的底板等高线平面图看，该向斜轴部北段及较平缓，南段较陡，两翼基本对称，倾角 3°~11°，褶幅最大 50m。

王家沟向斜：勘探区背斜东翼发育的次一级褶曲，位于勘探区中南部，轴线沿 705 孔—307 孔，勘探区内延展长度约 1.47km，属于可靠构造，轴线走向 N69°W，两翼对称，倾角 3°~11°，褶幅最大 35m。在褶曲轴部区域回采过程中，采动应力与构造应力存在相互叠加的可能，使得冲击地压危险性升高。如图 8-3 所示。

图 8-3 1502 工作面褶曲示意图

五、工作面水文地质

该区域水文地质条件简单，侏罗系中统直罗组、下统延安组含水层为矿井的直接充水水源，富水性弱，径流条件较差，对矿井生产影响不大，但是由于局部小构造导致顶板裂隙发育时，可能导致矿井涌水量增加，但不会威胁矿井安全。

根据已有地质资料分析，结合相邻已掘巷道内的实测，预计 1502 工作面回采期间，其正常涌水量为 3m³/h，最大涌水量为 20m³/h。

六、煤岩冲击倾向性

煤层冲击倾向性是指煤层所具有的积蓄变形能并产生冲击式破坏的性质。对具体矿井而言，煤层冲击倾向性对冲击地压的发生具有显著影响，是冲击地压发生的内在本质影响因素，在相同条件下，冲击倾向性高的煤体发生冲击的可能性要远大于冲击倾向性低的煤体。

（1）2 煤层冲击倾向性鉴定

根据《2 煤层及其顶底板岩层冲击倾向性鉴定报告》可知：根据对 2 煤层的动态破坏时间、弹性能量指数、冲击能量指数和单轴抗压强度的测定，综合评定 2 煤层的冲击倾向性类别为一类，即为无冲击倾向性。测定结果见表 8-2。

2 煤层冲击倾向性测定结果　　　　　　　　　　表 8-2

煤层	指数				测定结果	
	DT (ms)	W_{ET}	K_E	R_c (MPa)	类　别	名　称
2 煤	814.8	1.879	1.424	6.76	一类	无冲击倾向性

（2）2 煤层顶板冲击倾向性鉴定

根据《2 煤层及其顶底板岩层冲击倾向性鉴定报告》可知：2 煤顶板岩层的弯曲能量指数为 0.551kJ，冲击倾向性属于 I 类，为无冲击倾向性岩层，见表 8-3。

2 煤顶板冲击倾向性测定结果 表 8-3

岩性	厚度（m）	上覆岩层载荷（MPa）	弹性模量（GPa）	密度（kg/m³）	抗拉强度（MPa）	弯曲能量指数（kJ）
泥岩	2.88	0.067	4.15	2372	1.09	0.099
泥岩	2.17	0.078	6.06	2833	1.32	0.057
砂质泥岩	2.23	0.087	4.28	2568	0.87	0.029
泥岩	3.43	0.063	5.17	2433	1.73	0.366
复合顶板						0.551

（3）2 煤层底板冲击倾向性鉴定

由《2 煤层及其顶底板岩层冲击倾向性鉴定报告》可知：2 煤层底板的弯曲能量指数为 $U_{wQ} = 0.069$kJ，可知 2 煤层底板的冲击倾向性类别为 I 类，即为无冲击倾向性，见表 8-4。

2 煤底板冲击倾向性测定结果 表 8-4

岩层	厚度（m）	上覆岩层载荷（MPa）	弹性模量（GPa）	密度（kg/m³）	抗拉强度（MPa）	弯曲能量指数（kJ）
粉砂质泥岩	3.20	0.081	3.9	2582	0.88	0.069

七、工作面周围采掘活动情况

1502 工作面北侧距 2201 工作面采空区约 1600m，西侧为正在掘进的 1202 工作面，如图 8-4 所示。

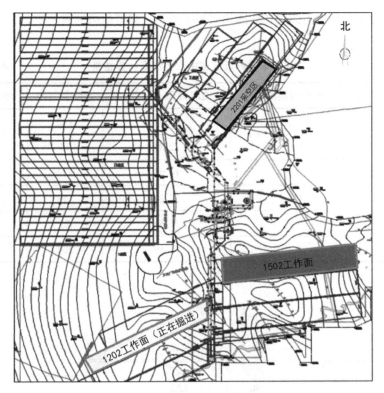

图 8-4　1502 工作面周围采掘活动情况图

八、其他影响工作面开采因素

（1）地温：矿区范围内地温无突变、异常层段，仅在井田西部范围存在一级热害区。

（2）煤的自燃：矿井 5 号煤层自燃倾向性鉴定均为 Ⅱ 类，属自燃煤层。

（3）煤尘爆炸性指数：矿井 5 号煤层经鉴定煤尘均具有爆炸性，爆炸性指数为 33.39%。

（4）瓦斯涌出量：矿井瓦斯等级鉴定，矿井绝对瓦斯涌出量为 5.82m³/min，相对瓦斯涌出量为 3.77m³/t，二氧化碳绝对涌出量为 7.60m³/t，相对涌出量为 4.92m³/t。根据矿井各煤层瓦斯基本参数测定情况，矿井 5 号煤层瓦斯含量为 1.4692m³/t。

第二节　地质力学参数评估

根据地应力测点 2 计算最大水平主应力回采方向夹角约 49°，此角度对冲击地压具有一定影响。应力测点位置图如图8-5所示，测量结果见表8-5。

井底车场附近区域主应力测量计算结果　　　　　表8-5

测点编号	主应力类别	主应力值（MPa）	方位角（°）	倾角（°）
1	σ_H	35.03	142	-13
	σ_V	22.89	74	57
	σ_h	14.65	224	30
2	σ_H	33.26	113	-28
	σ_V	21.56	25	-57
	σ_h	13.59	202	-16

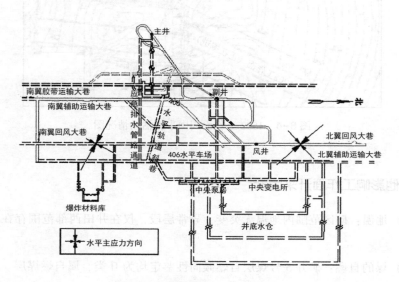

图 8-5　测量地应力测点分布

第三节　巷道支护方案及设计

一、工作面永久支护设计

根据各顺槽作业规程可知各顺槽断面尺寸见表8-6。

各顺槽断面尺寸 表 8-6

| 断面名称 | 宽度(m) | | 高度(m) | | | 面积(m²) | | 长度(m) | 断面形状 | 备注 |
	净宽	荒宽	净高	荒高	墙高	$S_净$	$S_掘$			
运输巷	5.5	5.7	3.2	3.5	—	17.60	19.95	2019.0	矩形断面	综掘
回风巷	4.4	4.6	3.1	3.3	—	13.64	15.18	1775.6	矩形断面	综掘
切眼导硐	4.4	4.6	3.2	3.3	—	14.08	15.18	300.0	矩形断面	综掘
切眼扩刷全断面	7.0	7.2	3.2	3.3	—	22.40	23.76	300.0	矩形断面	综掘

（1）运输巷布置及支护参数基本情况

①1502 工作面运输巷掘进施工时顶板采用规格 MSGLW500-22mm×2500mm 的高强度螺纹钢锚杆、规格为 φ21.8mm×6500mm 的预应力左旋钢绞线支护配合 400mm×400mm×16mm 的蝶形钢盘，锚杆间距、排距为 1000mm×900mm，锚索间距、排距为 1500mm×900mm；帮锚杆采用规格 MSGLW500-22mm×2500mm 的高强度螺纹钢锚杆，间距、排距为 900mm×900mm。

②顶板及巷帮网采用 ϕ5mm 的钢筋焊接制作、规格为 1800mm×1100mm（长×宽）的波浪形编织网。

③顶板采用规格为 5200mm×280mm×2.75mm 的 6 孔 W 钢带，两帮采用规格为 3000mm×80mm 的异形钢带。

④锚杆以及锚索均使用树脂锚固剂及其相配套的锚杆盘、螺母以及锚索锁具、锚索盘固定。每条锚杆使用 1 支 MSK2350 型与 1 支 MSZ2350 型树脂锚固剂固定，其锚固力不得小于 100kN。每条锚索线，使用 1 支 MSK2350 型与 2 支 MSZ2350 型树脂锚固剂固定，其锚固力不得小于 200kN。使用锚固剂时先放 MSK2350 型再放 MSZ2350 型锚固剂，顺序不可放反。运输巷支护断面如图 8-6 所示。

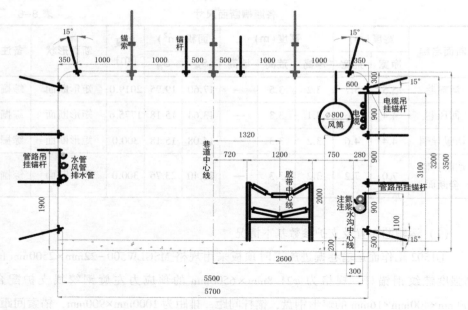

图 8-6　运输巷支护断面图

（2）回风巷布置及支护参数基本情况

①1502 工作面回风巷掘进施工时顶板采用规格 MSGLW500-22mm×2500mm 的高强度螺纹钢锚杆、规格为 φ21.8mm×6500mm 的预应力左旋钢绞线支护配合 400mm×400mm×16mm 的蝶形钢盘，锚杆间距、排距为 1000mm×900mm，锚索间距、排距为 1500mm×1800mm；帮锚杆采用规格 MSGLW500-22mm×2500mm 的高强度螺纹钢锚杆，间距、排距为 900mm×900mm。

②顶板及巷帮网采用 φ5mm 的钢筋焊接制作、规格为 1800mm×1100mm（长×宽）的波浪形编织网。

③顶板采用规格为 4300mm×280mm×2.75mm 的 5 孔 W 钢带，两帮采用规格为 3000mm×80mm 的异形钢带。

④锚杆以及锚索均使用树脂锚固剂及其相配套的锚杆盘、螺母以及锚索锁具、锚索盘固定。每条锚杆使用 1 支 MSK2350 型与 1 支 MSZ2350 型树脂锚固剂固定，其锚固力不得小于 100kN。每条锚索线，使用 1 支 MSK2350 型与 2 支 MSZ2350 型树脂锚固剂固定，其锚固力不得小于 200kN。使用锚固剂时先放 MSK2350 型再放 MSZ2350 型锚固剂，顺序不可放反。回风巷支护断面如图 8-7 所示。

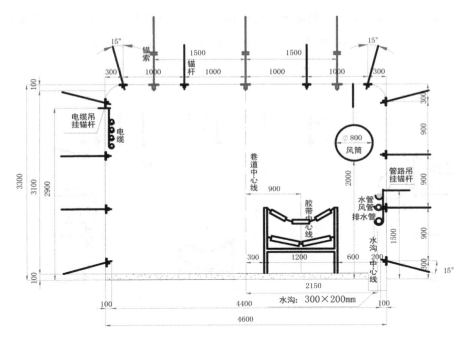

图 8-7　回风巷支护断面图

（3）切眼布置及支护参数基本情况

①1502 工作面切眼一次掘进时顶板采用规格 MSGLW500－22mm×2500mm 的高强度螺纹钢锚杆、规格为 ϕ21.8mm×8500mm 的预应力左旋钢绞线支护，锚杆间距、排距为 1000mm×900mm，锚索间距、排距为 1300mm×900mm；非面侧帮锚杆采用规格 MSGLW500－22mm×2500mm 的高强度螺纹钢锚杆，靠面侧帮锚杆采用规格 ϕ18mm×2400mm 的玻璃钢锚杆，间距、排距为 900mm×900mm。

②顶板及非面侧帮网采用 ϕ5mm 的钢筋焊接制作、规格为 1800mm×1200mm（长×宽）的波浪形编织网。靠面侧帮网采用双向拉伸塑料网、规格为 3200mm×2200mm（长×宽）。

③顶板采用规格为 4300mm×280mm×2.75mm 的 5 孔 W 钢带，两帮采用规格为 3000mm×80mm 的异形钢带。

④锚杆以及锚索均使用树脂锚固剂及其相配套的锚杆盘、螺母以及锚索锁具、锚索盘固定。每条锚杆使用 1 支 MSK2350 型与 1 支 MSZ2350 型树脂锚固剂固定，高强度螺纹钢锚杆其锚固力不得小于 100kN，玻璃钢锚杆其锚固力不得小于 60kN。每条锚索线，使用 1 支 MSK2350 型与 3 支 MSZ2350 型树脂锚固剂固定，其锚固力不得小于 200kN。使用锚固剂时先放 MSK2350 型再放 MSZ2350 型锚固剂，顺序不可放反。

⑤切眼刷宽施工时，全断面内支设两排单体液压支柱配合铰接顶梁加强支护，单体液压支柱间距、排距为4500mm×1000mm。切眼全断面支护断面如图8-8所示。

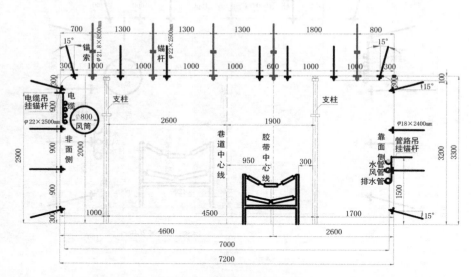

图8-8 切眼全断面支护断面图

二、1502工作面支护形式

工作面切眼长度300m，设计安装支架174架，其中选用ZY12000/15/30D型中间支架163架；运输顺槽端头采用ZYG12000/18/34D过渡支架5架，ZYT12000/18/34D端头支架1架；回风顺槽端头用ZYG12000/18/34D过渡支架5架。

三、1502工作面超前支护形式

根据《国家煤矿安监局关于加强煤矿冲击地压防治工作的通知》（煤安监技装〔2019〕21号）第5条要求，"具有冲击危险的采煤工作面安全出口与巷道连接处超前支护范围不得小于70m，综采放顶煤工作面或具有中等及以上冲击危险区域的采煤工作面安全出口与巷道连接处超前支护范围不得小于120m，超前支护优先采用液压支架"。同时，根据《山东省煤矿冲击地压防治办法》（山东省人民政府令第325号）第三十六条要求，"具有冲击地压危险的采煤工作面，应当加大上下出口和巷道超前支护范围和强度。巷道超前支护长度根据采煤工作面超前支承压力影响范围，由煤矿企业总工程师批准"。按照以上规定要求，确定1502工作面两顺槽超前支护参数，具体见表8-7。

工作面	冲击危险程度	平均煤厚（m）	面长（m）	巷道名称	临空性	超前支护长度（m）
1502	弱	2.31	300	回风巷	非临空	60（6组超前架组）
				运输巷	非临空	30（3组超前架组）

超前架组型号：ZQ16000/18/34D 型

第四节　巷道支护参数验算

一、支护参数验算

（1）锚杆锚固参数验算

锚杆长度可分为外露长度 L_1，有效长度 L_2（即稳定破碎围岩中的长度）和固定长度 L_3。采用普氏免压拱高理论计算锚杆有效长度，即

$$b = \left[B/2 + H\tan(45° - \Psi/2) \right]/f_b = B/2f$$

其中普氏硬度系数 $f=\sigma/10$ 计算，σ 为围岩极限抗压强度，巷道高 3.5m，位于煤层中，计算得出顶板锚杆有效长度 $L_2 = 1.48$m，巷帮锚杆有效长度 0.85m。锚杆间距、排距为 0.8m，取围岩密度为 1.5t/m^3，被悬吊岩体重量（取最大值）为 1.37t。取安全系数为 2，则最大悬吊岩体为 2.75t，锚杆屈服力为 190kN（19t）。除去预紧力 100kN，则 19-10＝9t>2.75t，因此锚杆能有效承载破碎围岩。

考虑钢带厚度+锚杆盘厚度+螺母厚度+让压管及垫片+锚杆帽外露长度，取值 0.1m 为锚杆外露长度 L_1，则顶板中锚杆固定长度为 $L_3 = 2.4$m-1.48m＝0.92m，巷帮中锚杆固定长度为 $L_3 = 2.4$m-0.85m＝1.55m。经检测树脂与围岩的粘结强度为 3MPa，则锚固段可以提供的最大拉力（按 $L_3 = 0.92$m 计算）为 0.92m×3.14×0.022m×3000kPa＝191kN，超过了锚杆的屈服力，因此，锚固参数合格。

（2）锚索锚固参数验算

1502 工作面运输顺槽巷道宽 5.7m，高度为 3.5m，上有 3.6m 粉砂岩直接顶和 0.69m 泥岩基本顶。锚索长度为 6.5m。假设顶板全部冒落，则冒落高度为 4.38m，沿巷道走向锚索排距为 0.9m，岩石的密度取 2.5t/m^3，松动范围内煤岩体的重量为：5.7m×4.38m×0.9m×2.5t/m^3＝56.2t。

现用锚索直径 21.8mm，抗拉强度为 1860MPa，标准极限强度（583kN 或 58t）假设 3 根锚索均匀分摊松动煤体压力，按照松动煤岩体重量 56.2t 均分，则每根锚

索所需拉力为18.73t，小于锚索破断力58t。因此，锚索锚固参数合理。

锚索固定于围岩中的长度为6.5-4.38=2.12m，锚孔直径为25mm，则树脂粘结力为2.12m×3.14×0.025m×5000kPa=832.1kN（83.21t）>锚索破断力58t，因此，锚索固定段长度合理。

（3）支护构件参数验算

根据送检锚杆托盘检测结果，托盘承载力平均值为140kN，即可以承载14t重物，上述中最大悬吊岩体为2.75t，加上预紧力100kN（10t），则托盘承载力14t>12.8t。因此托盘能有效承载。

金属网直径为5mm，网格尺寸为55mm×55mm，考虑金属网护表中存在的网兜现象，即考虑网中部1/3区域面积主要承载，则金属网的护表力大小可以根据计算确定，其中，n、D、a、W和s分别为网格中金属丝根数，金属网丝直径，锚杆间距、排距，主要承载长度和金属丝抗拉强度。根据送检金属网的检测结果显示，金属网上的强度为370MPa，网格中金属丝为12根，锚杆间距、排距为0.8m，主要承载长度取间距、排距的1/3，为0.27m。计算得到金属网可以承载160kN，极端情况下，考虑锚杆间岩体全部由金属网承载，则岩体重量为2.75t，即27.5kN<160kN。因此，金属网参数合理。

二、巷道支护体系参数合规性评价依据

按照《煤矿巷道锚杆支护技术规范》GB/T 35056—2018（以下简称"国家标准"，2018年5月14日发布，2018年12月1日实施）第4.2.4条，见表8-8。

国家标准锚杆支护基本参数建议　　　　　　　　　　　表8-8

序号	参数名称	单位	参数值
1	锚杆长度	m	1.6~3.0
2	锚杆公称直径	mm	16.0~25.0
3	锚杆预紧力	kN	锚杆屈服力的30%~60%
4	锚杆设计锚固力	kN	锚杆屈服力的标准值
5	锚杆排距	m	0.6~1.5
6	锚杆间距	m	0.6~1.5

《煤巷锚杆支护技术规范》MT/T 1104—2009（以下简称"行业标准"，2009年12月11日发布，2010年7月1日实施）第4.2.5条规定，见表8-9。

行业标准锚杆支护基本参数建议   表 8-9

序号	参数名称	单位	参数值
1	锚杆长度	m	1.6~3.0
2	锚杆公称直径	mm	16.0~25.0
3	锚杆排距	m	0.7~1.5
4	锚杆间距	m	0.7~1.5
5	锚索有效长度	m	4.0~10.0
6	锚索公称直径	mm	15.2~22.0

《国家煤矿安监局关于加强煤矿冲击地压防治工作的通知》（煤安监技装
〔2019〕21号）（以下简称"安监局标准"）规定：合理选择巷道支护形式与参数。
厚煤层沿底托顶煤掘进的巷道选择锚杆锚索支护时，锚杆直径不得小于22mm、屈
服强度不低于500MPa、长度不小于2200mm，必须采用全长或加长锚固，锚索直径
不得小于20mm，延展率必须大于5%，锚杆锚索支护系统应当采用钢带（槽钢）与
编织金属网护表，托盘强度与支护系统相匹配，并适当增大护表面积，不得采用钢
筋梯作为护表构件。见表8-10。

安监局标准锚杆支护基本参数建议   表 8-10

序号	参数名称	单位	参数值
1	锚杆长度	m	≥2.2
2	锚杆直径	mm	≥22
3	锚杆屈服强度	MPa	≥500
4	锚索直径	mm	≥20
5	锚索延展率	—	≥5%
6	护表	—	钢带(槽钢)与金属网

1502工作面选用了MSGLW-500高强树脂锚杆，根据检测机构提供的锚杆检测
报告显示，该类型锚杆平均屈服强度为550MPa，满足要求。根据500MPa的屈服强
度计算得到锚杆屈服力为190kN，1502工作面锚杆预紧力约为屈服力的53%，介于
30%~60%。设计的锚固力为屈服力标准值。

由表8-11可知，1502工作面巷道基本支护参数符合标准中的规定。

序号	参数	单位	国家标准	行业标准	安监局标准	运输顺槽	回风顺槽	切眼	合规性
1	锚杆长度	m	1.6~3.0	1.6~3.0	≥2.2	2.4	2.4	2.8	合规
2	锚杆直径	mm	16~25	16~25	≥22	22	22	22	合规
3	间距、排距	m	0.6~1.5	0.7~1.5	—	0.9×1	0.9×1	0.9×0.9	合规
4	屈服应力	MPa	—	—	屈服力≥500	550	550	550	合规
5	锚杆预紧力	kN	屈服力30%~60%			100	100	100	合规
6	锚杆锚固力	kN	屈服力标准值			190	190	190	合规
7	锚索长度	m	—	4~10	—	8.5	6.5	7.5	合规
8	锚索直径	mm		15.2~22.0	≥20	21.8	21.8	21.8	合规
9	锚索延展率	%	—	—	≥5%	15%	15%	15%	合规
10	护表情况		—	—	钢带(槽钢)与金属网	钢带与金属网	钢带与金属网	钢带与金属网	合规

第五节　巷道支护系统抗冲击能力评估

一、永久支护系统抗冲能力计算

（1）回风巷支护系统抗冲能力计算

对于巷道在掘进出以后的防冲支护能力，目前在冲击地压相关研究中尚没有成熟的计算方法，根据参考相关文献，给出如下计算方案，主要计算该支护参数抵御震动事件的能量级别，核算巷道支护强度能否满足巷道矿压控制的要求。

根据 1502 工作面顺槽支护形式与支护参数，采用的支护构件的吸能量计算如下：掘进施工时顶板采用规格 MSGLW500-22mm×2500mm 的高强度螺纹钢锚杆、规格为 ϕ21.8mm×6500mm 的预应力左旋钢绞线支护配合 400mm×400mm×16mm 的蝶形钢盘，锚杆在发生冲击地压过程极限位移吸收的能量 E_g 取 3kJ/根；锚索在位移极限时可吸收的能量 E_s 取 4kJ/根。则锚杆锚索共同作用在破断前吸收的能量为：

$$E_r = (4 \times E_g + 2 \times E_s)/(a \times b) = (4 \times 3 + 2 \times 4)/(0.9 \times 4.6) = 4.83 \text{kJ/m}^2$$

式中　　a——顶板锚杆排距（m）；

　　　　b——顶板宽度（荒宽）（m）；

　　　　E_g——破断全部顶板锚杆锚索所需最小能量（kJ）。

对回采巷道帮部而言，每排有 8 根锚杆，则锚杆破断前吸收的能量为：

$$E_b = (8 \times E_g)/(a \times b) = (8 \times 3)/(0.9 \times 4.6) = 5.79 \text{kJ/m}^2$$

厚煤层巷道开挖后巷道周边岩体屈服厚度为 0.5~1.0m，假设屈服岩体范围等于岩体产生裂隙的范围，取岩体破裂厚度为 1.0m。本巷道煤层密度取 $1.3 \times 10^3 \text{kg/m}^3$，根据上述条件计算出发生冲击地压后巷道围岩表面岩体的动能为：

$$E_d = 0.5mv^2 = 0.5 \times 1.3 \times 10^3 \times v^2 = 0.65v^2 \text{kJ/m}^2$$

对于巷道顶板煤体，还必须考虑顶板煤体冲击过程中由于锚杆受拉延伸，顶板岩层下滑而释放的势能，以使用的 MSGLW500-22mm×2500mm 型高强让压锚杆延伸率为 20% 计算，锚杆极限位移 Δh 取 500mm，顶板煤块因冲击下滑而对支护系统施加的势能 E_h 为：

$$E_h = mg\Delta h$$

式中　　m——参加冲击过程的顶板岩体质量（kg）。

这里松动下沉岩层厚度仍然取 0.1m，经计算 $E_h = 0.65 \text{kJ/m}^2$。

发生冲击的临界状态下，传递至顶板岩体中的动能和顶板岩体下沉的势能转移至支护系统，变为支护系统的弹性能，临界状态时，该能量正好达到支护系统的能量极限值，使支护系统完全失效。

顶板岩层对支护系统施加的能量为震源传来的动能和势能之和，即 $E = E_d + E_h = (0.65v^2 + 0.65) \text{kJ/m}^2$，而顶板支护系统的能量极限为 $E_r = 4.83 \text{kJ/m}^2$，因 $E = E_r$，所以 $v = 2.47 \text{m/s}$。同理，对回采巷道帮部 $E_b = E_d$，得 $v = 2.98 \text{m/s}$。

所以，顶板支护系统最先失效，引起围岩支护失效的最小速度为 $v = 2.47 \text{m/s}$，对应质点震动峰值速度为 1.24m/s。

采用 McGarr 建议的质点运动速度、震源中心到岩爆冲击破坏点的距离与岩爆强度之间的关系公式 $\lg Rv = 3.95 + 0.57M_L$，其中 R 为震源到冲击破裂点的距离，根据现场顶板分布条件，取 $R = 10\text{m}$，则可计算得到 $M_L = 2.0$，根据冲击能量与能级的

关系表达式 $\lg E_L=1.8+1.9 M_L$ 反算，回风巷可抵抗 3.9×10^5J 能量事件，可以满足支护需要。

（2）运输巷支护系统抗冲能力计算

同理计算得：运输巷顶板支护系统失效速度为 $v=2.81$m/s，两帮支护系统失效速度为 $v=2.98$m/s。故，顶板支护系统最先失效，引起围岩支护失效的最小速度为 $v=2.81$m/s，对应质点震动峰值速度为 1.41m/s。

采用 McGarr 建议的质点运动速度、震源中心到岩爆冲击破坏点的距离与岩爆强度之间的关系公式 $\lg Rv=3.95+0.57 M_L$，其中 R 为震源到冲击破裂点的距离，根据现场顶板分布条件，取 $R=10$m，则可计算得到 $M_L=2.10$。根据冲击能量与能级的关系表达式 $\lg E_L=1.8+1.9 M_L$ 反算，回采巷道可抵抗 6.2×10^5J 能量事件，可以满足支护需要。

二、工作面支架抗冲击能力评估

根据《防治煤矿冲击地压细则》（煤安监技装〔2018〕8号）第三十四条，采用垮落法管理顶板时，支架（柱）应当具有足够的支护强度，采空区中所有支柱必须回净。

（1）按经验公式计算所需的支护强度

$$P_t=9.8 K_{支架}HR=9.8\times4\times2.5\times2.5=245\text{kN/m}^2$$

式中　　P_t——工作面合理的支护强度（kN/m²）；

　　　　$K_{支架}$——支架上方顶板岩石厚度系数，取4；

　　　　H——采高（m），取煤层厚度2.5m；

　　　　R——岩石密度（t/m³），取2.5t/m³。

（2）工作面支护设备的选择

工作面选用液压支架为 ZY12000/15/30D、ZYG12000/18/34D、ZYT12000/18/34D型液压支架。

（3）工作面支架支护强度

1502工作面选用的 ZY12000/15/30D、ZYG12000/18/34D、ZYT12000/18/34D型液压支架其工作阻力为12000kN；则其支护强度为：1310kN/m²>245kN/m²。

（4）工作面支架抗冲击能力评估结果

所选支架满足工作面支护强度的需要，在满足顶板管理支护强度需要的同时，也能满足底板比压值要求。

通过对比验算，证明选用 ZY12000/15/30D、ZYG12000/18/34D、ZYT12000/18/34D型液压支架能满足工作面支护要求。经过支架抗冲击能力核算目前的支架支护强度符合要求。工作面液压支架应保证最低初撑力。在回采前做好相应区域的卸压，匀速推采，监测到危险时根据要求立即实施解危。

三、工作面超前支护抗冲击能力评估

根据《防治煤矿冲击地压细则》（煤安监技装〔2018〕8号）第八十条，冲击地压危险区域的巷道必须采取加强支护措施，采煤工作面必须加大上下出口和巷道的超前支护范围与强度，并在作业规程或专项措施中规定。加强支护可采用单体液压支柱、门式支架、垛式支架、自移式支架等。采用单体液压支柱加强支护时，必须采取防倒措施。

根据《山东省煤矿冲击地压防治办法》（山东省人民政府令第325号）第三十六条，具有冲击地压危险的采煤工作面，应当加大上下出口和巷道超前支护范围与强度。巷道超前支护长度根据采煤工作面超前支承压力影响范围，由煤矿企业总工程师批准。具有中等以上冲击地压危险的采煤工作面，上下出口和巷道超前支护应当采用液压支架。

（1）运输巷超前支护抗冲击能力评估

由走向超前单位长度上顶底板移近量判断，作用力为：

$$F = g \times S \times H \times \rho = 9.8 \times 3.5 \times 3.5 \times 2.5 = 300 \text{kN}$$

式中　　g——取9.8m/s^2；

　　　　S——走向单位长度下的面积（m^3）；

　　　　H——移近量（m），取3.5m；

　　　　ρ——密度（t/m^3），取2.5t/m^3。

里侧采用1架ZYT12000/18/34D型端头支架与3组ZQ16000/18/34D型超前架组进行支护。0~30m超前范围内走向单位长度下支护体的支护力：

$$F_{支} = （12000 \times 3 + 1600）\div 30 = 1733 \text{kN}$$

300kN<1733kN，因此运输巷超前0~30m范围内巷道超前支护强度合格。

（2）回风巷超前支护抗冲击能力评估

由走向超前单位长度上顶底板移近量判断，作用力为：

$$F = g \times S \times H \times \rho = 9.8 \times 3.3 \times 3.0 \times 2.5 = 242.55 \text{kN}$$

式中　　g——取9.8m/s^2；

　　　　S——走向单位长度下的面积（m^2）；

　　　　H——移近量（m），取3.0m；

　　　　ρ——密度（t/m^3），取2.5t/m^3。

0~60m采用6组ZQ16000/18/34D型超前架组进行支护：

$$F_支 = 16000 \times 6 \div 60 = 1600\text{kN}$$

242. 55kN<1600kN，因此回风巷超前 0~60m 范围内巷道超前支护强度合格。

（3）超前支护抗冲击能力评估结果

①经过超前支护抗冲击能力校核可知，目前的超前防冲支护强度符合要求。

②超前液压支架和单体支柱应保证最低初撑力；在回采过程中根据监测做好相应的卸压措施，保持匀速推采，监测到危险时根据要求立即实施解危。

参考文献

[1] 窦林名. 煤矿围岩控制[M]. 徐州:中国矿业大学出版社,2010.

[2] 杜计平,苏景春. 煤矿深井开采的矿压显现及控制[M]. 徐州:中国矿业大学出版社,2000.

[3] 杨孟达. 煤矿地质学[M]. 北京:煤炭工业出版社,2000.

[4] 杜计平,孟宪锐. 采矿学[M]. 徐州:中国矿业大学出版社,2014.

[5] 窦林名. 采场顶板控制及监测技术[M]. 徐州:中国矿业大学出版社,2009.

[6] 陈炎光,徐永圻. 中国采煤方法[M]. 徐州:中国矿业大学出版社,1991.

[7] 《煤矿矿井采矿设计手册》编写组. 煤矿矿井采矿设计手册[M]. 北京:煤炭工业出版社,1984.

[8] 钱鸣高,石平五,许家林. 矿山压力与岩层控制[M]. 徐州:中国矿业大学出版社,2010.

[9] 杜计平,等. 煤矿特殊开采方法[M]. 徐州:中国矿业大学出版社,2011.

[10] 王省身. 矿井灾害防治理论与技术[M]. 徐州:中国矿业学院出版社,1986.

[11] 岑传鸿. 采场顶板控制及监测技术[M]. 徐州:中国矿业大学出版社,1998.

[12] 林在康,郑西贵. 矿业信息技术基础[M]. 徐州:中国矿业大学出版社,2009.

[13] 蒋国安,吕家立. 采矿工程英语[M]. 徐州:中国矿业大学出版社,1998.

[14] 易恩兵. 深井强冲击煤层解放层开采防治冲击地压研究[J]. 煤炭技术,2014,33(5):126-128.

[15] 张广超,何富连,来永辉,贾红果. 千米埋深煤矿巷道围岩稳定性研究(英文)[J]. Journal of Central South University,2018,25(6):1386-1398.

[16] 国家煤矿安全监察局. 煤矿安全规程[M]. 北京:煤炭工业出版社,2004.

[17] 张荣立,何国纬,李铎. 采矿工程设计手册[M]. 北京:煤炭工业出版社,2003.

[18] 煤炭工业矿井设计规范 GB 50215-2015[S].

[19] 魏明尧,刘春,刘应科,等. 深部矿井频繁微扰动下煤巷损伤累积演化规律[J]. 中南大学学报(自然科学版),2021,52(8):2689-2701.

[20] 林在康,李希海,郭成豪,等. 采矿工程专业毕业设计手册. 第六分册,巷道断面图册[M]. 徐州:中国矿业大学出版社,2008.

[21] 沈荣喜,刘长友.锚网索联合支护在深井综放沿空巷道中的应用[J].煤炭科学技术,2004(10):4-6.

[22] 邓志国,刘立明.煤矿深部巷道支护的研究现状及其存在问题的探讨[J].中国科技博览,2010(14):227-227.

[23] 李鹏鹏,刘文江,王义然.千米深井综放巷道锚网支护技术研究[J].山东煤炭科技,2011(1):98-99.

[24] 张新忠.浅论锚杆支护在深井矿山巷道支护中的应用[J].新疆有色金属,2009,32(6):13-14.

[25] 陈季斌,赵金明,陈士海,等.深部巷道围岩锚杆支护深度研究[J].煤,2011,20(5):4-6+51.

[26] 李希勇,孙庆国,胡兆锋.深井高应力岩石巷道支护研究与应用[J].煤炭科学技术,2002(2):11-13.

[27] 刘刚,靖洪文.深井软岩巷道变形和加固对策[J].矿冶工程,2005(3):5-7,10.

[28] 高贤成.巷道支护改革研究[J].科技资讯,2011(23):35.

[29] 薛奕忠.有岩爆倾向的深井巷道岩层支护控制技术[J].金属矿山,2007(3):21-24.

[30] 范波.深部矿井构造探测与随机隙宽裂隙注浆模型研究[D].焦作:河南理工大学,2010.

[31] 左飞.深部矿井巷道围岩变形实测分析与数值模拟研究[D].淮南:安徽理工大学,2011.

[32] 梁晋源.河神庙(1000m)深井主要巷道的布置和支护技术的研究[D].太原:太原理工大学,2012.

[33] 杨森林.深部矿井不同采深煤与瓦斯突出实验与数值模拟研究[D].阜新:辽宁工程技术大学,2013.

[34] 王强.口孜东矿深部地应力分布与巷道布置关系研究[D].淮南:安徽理工大学,2014.

[35] 那寒蠹.深井矿山岩体热害源分析与控制[D].长沙:中南大学,2014.

[36]罗威.姚家山矿千米深井热害防治技术研究[D].太原:太原理工大学,2014.

[37]何超.深部矿井箕斗装载硐室的围岩稳定性分析和支护设计优化[D].淮南:安徽理工大学,2015.

[38]刘阳.星村煤矿深部1200m采区动静载叠加诱冲原理及应用研究[D].徐州:中国矿业大学,2015.

[39]崔超.深部矿井热害及掘进工作面热环境研究[D].昆明:昆明理工大学,2016.

[40]李少波.采深对采场围岩应力壳力学特征影响规律研究[D].淮南:安徽理工大学,2017.

[41]郭萌.深井软岩回采巷道变形失稳机理研究[D].太原:太原理工大学,2019.

[42]王博.陕蒙深部矿区典型动力灾害发生机理及防治研究[D].北京:北京科技大学,2021.

[43]宁静.鄂尔多斯深部矿区覆岩破断特征及顶板控制研究[D].北京:中国矿业大学(北京),2020.

[44]李敬佩.深部破碎软弱巷道围岩破坏机理及强化控制技术研究[D].徐州:中国矿业大学,2008.

[45]冯冶.深部矿井回采巷道围岩变形失稳分析[D].西安:西安科技大学,2010.

[46]陈登红,华心祝.地应力对深部回采巷道布置方向的影响分析[J].地下空间与工程学报,2018,14(4):1122-1129.

[47]李宪伟,王连国,侯化强,等.深井大断面软岩巷道数值模拟研究及注浆支护实践[J].矿业安全与环保,2012,39(1):46-48.

[48]赵飞,杨双锁,李平,等.深部高应力软岩巷道底鼓控制技术研究[J].矿业安全与环保,2015,42(2):104-107.

[49]郭阳阳,孙路路,王鹏飞,等.真三轴实验下梁宝寺煤矿掘进工作面煤体应力—渗流关系研究及应用[J].矿业安全与环保,2018,45(2):1-5.

[50]郭平,沈大富.深部巷道支护方案优化设计及数值模拟研究[J].矿业安全与环保,2021,48(4):87-91.

[51]徐保财.我国煤矿深部开采现状及灾害防治分析[J].中国石油和化工标准与质量,

2020,40(16):192-193.

[52]郭延辉,侯克鹏.深部矿井三维地应力特征及其对巷道稳定性的影响[J].昆明理工大学学报(自然科学版),2014,39(2):28-33.

[53]曲华,孔德森,孔德林,尹建国.深井煤柱区下位采动高应力软岩巷道匹配支护研究[J].矿山压力与顶板管理,2003(3):36-38.

[54]刘泉声,时凯,黄兴.TBM应用于深部煤矿建设的可行性及关键科学问题[J].采矿与安全工程学报,2013,30(5):633-641.

[55]郭惟嘉,王海龙,刘增平.深井宽条带开采煤柱稳定性及地表移动特征研究[J].采矿与安全工程学报,2015,32(3):369-375.

[56]孙利辉,杨本生,孙春东,等.深部软岩巷道底鼓机理与治理试验研究[J].采矿与安全工程学报,2017,34(2):235-242.

[57]王社欣,李冲.深部矿井软岩回采巷道围岩松动圈厚度的确定与控制[J].矿业研究与开发,2009,29(1):16-17,51.

[58]夏红兵,颜宝,李栋伟.深部矿井煤系地层软岩蠕变特征试验[J].兰州大学学报(自然科学版),2013,49(4):564-568.

[59]郭志伟.我国煤矿深部开采现状与技术难题[J].煤,2017,26(12):58-59,65.

[60]宋大钊,王恩元,刘晓斐,等.深部矿井煤体蠕变机制[J].煤矿安全,2009,40(6):43-45.

[61]曹建军,焦金宝,何清,等.深井沿空巷道围岩失稳机理与稳定性控制[J].煤矿安全,2010,41(2):97-100.

[62]田梅青,黄兴.深部挤压性软岩巷道围岩稳定性控制对策[J].煤矿安全,2013,44(8):222-225.

[63]袁亮.我国煤炭工业安全科学技术创新与发展[J].煤矿安全,2015,46(S1):5-11.

[64]郑玉友,郭启彬.星村煤矿深部冲击矿压防治技术[J].煤矿开采,2008(2):77-80.

[65]朱磊,郑远超,陈娜.深部矿井回采巷道支护技术[J].煤矿开采,2008(4):53-55.

[66]姜光,朱守颂,谷满,等.深部矿井巷道围岩分区破裂实测研究[J].煤矿开采,2010,15(6):83-85.

[67]张国锋,何满潮,孙晓明,等.深部矿井泵房硐室变形破坏原因及稳定控制方法[J].煤炭工程,2011(3):67-70.

[68]李志华,华心祝,李迎富.不同顶底板强度下深部沿空留巷围岩变形特征[J].煤炭工程,2016,48(5):91-93,97.

[69]田春阳,常云博,朱涛,等.6m大采高工作面沿空掘巷窄煤柱宽度及围岩控制技术研究[J].煤炭工程,2021,53(12):39-44.

[70]张金魁,侯涛,李民,李鹏,顾合龙.动力扰动诱发煤层大巷冲击地压机理及其防控技术[J].煤炭工程,2022,54(2):62-66.

[71]赵红超,王维,刘璐.深部软岩巷道围岩变形研究现状与存在问题分析[J].煤矿现代化,2009(5):74-75.

[72]郑玉友,王占成,赵厚春,窦林名,张明伟.冲击矿压综合防治技术在星村深井的应用[J].煤矿现代化,2010(2):44-45.

[73]王宏岩,王猛.深部矿井开采问题与发展前景研究[J].煤炭技术,2008(1):3-5.

[74]曲征,张国华,毕业武.深部矿井压力显现规律与锚索网联合支护技术[J].煤炭技术,2009,28(5):89-91.

[75]易恩兵.深井强冲击煤层解放层开采防治冲击地压研究[J].煤炭技术,2014,33(5):126-128.

[76]胡社荣,戚春前,赵胜利,彭纪超,蔺丽娜.我国深部矿井分类及其临界深度探讨[J].煤炭科学技术,2010,38(7):10-13,43.

[77]张登龙,华心祝.深部矿井Y型通风沿空留巷围岩控制技术[J].煤炭科学技术,2010,38(12):28-32.

[78]孟祥阁,谢文兵,荆升国,董宇.深井软岩巷道底鼓分层锚注支护技术[J].煤炭科学技术,2011,39(9):22-25.

[79]袁瑞甫.深部矿井冲击-突出复合动力灾害的特点及防治技术[J].煤炭科学技术,2013,41(8):6-10.

[80]潘立友,孙刘伟,范宗乾.深部矿井构造区厚煤层冲击地压机理与应用[J].煤炭科学技术,2013,41(9):126-128,137.

[81]王业常,欧钦,陶领,吴成贤,万恒州,郭海.深部矿井冲击地压影响因素分析[J].
煤炭科学技术,2013,41(10):26-29.

[82]高振勇,樊正兴.深井软岩巷道二次锚网索支护技术[J].煤炭科学技术,2014,42
(2):12-15.

[83]吴昕.深井高应力巷道支护参数优化研究[J].煤炭科学技术,2014,42(7):14-17.

[84]蓝航,陈东科,毛德兵.我国煤矿深部开采现状及灾害防治分析[J].煤炭科学技
术,2016,44(1):39-46.

[85]陈军涛,武强,尹立明,张文泉,谭文峰.高承压水上底板采动岩体裂隙演化规律
研究[J].煤炭科学技术,2018,46(7):54-60,140.

[86]郑海建,李正刚.深部矿井巷道支护参数优化可行性分析[J].山东煤炭科技,2012
(4):127-128.

[87]冯培荣.浅谈煤矿深部开采中存在的问题与对策[J].能源与节能,2018(2):40-41.

[88]李剑申.关于深矿井开采的重大科技难题的一些认识[J].能源与节能,2019
(12):128-129.

[89]雷少华,张林,马振凯.矿井深部开采动力灾害基本特征与现状分析[J].陕西煤
炭,2017,36(6):64-66,37.

[90]张镇,康红普.深部沿空留巷巷内锚杆支护机理及选型设计[J].铁道建筑技术,
2011(9):1-5.

[91]王寅,秦忠诚,张朋,张宁.深井穿层巷道支护数值模拟分析[J].西安科技大学学
报,2012,32(4):415-419.

[92]何满潮,张毅,乾增珍,郭东明,陈大鹏.深部矿井热害治理地层储冷数值模拟研
究[J].湖南科技大学学报(自然科学版),2006(2):13-16.

[93]胡千庭,孟贤正,张永将,曹承平.深部矿井综掘面煤的突然压出机理及其预测
[J].岩土工程学报,2009,31(10):1487-1492.

[94]李正胜,苗胜军,任奋华,杨文亮.深部矿井开采巷道地压与位移检测研究[J].中
国矿业,2012,21(5):96-98.

[95]赵奕磊.自夯式矸石充填液压支架在深部矿井的应用[J].中国矿业,2018,27
(7):94-98,102.

[96]张广超,谢国强,杨军辉,庞茂瑜,张兴娜,李二鹏.千米深井大断面软岩巷道联合
控制技术[J].中国煤炭,2013,39(3):41-44.

[97]牟宗龙,曲延伦.深部工作面冲击矿压危险分析及防治[J].中国煤炭,2013,39
(12):100-103,132.

[98]李正杰,黄锐,王业征,梁开宇.深部大采高工作面覆岩"三带"发育高度实测[J].
中国煤炭,2018,44(12):41-45.

[99]高明忠,叶思琪,杨本高,刘依婷,李建华,刘军军,谢和平.深部原位岩石力学研
究进展[J].中国科学基金,2021,35(6):895-903.